FORSCHUNGSBERICHTE DES LANDES NORDRHEIN-WESTFALEN

Nr. 1295

Herausgegeben

im Auftrage des Ministerpräsidenten Dr. Franz Meyers

von Staatssekretär Professor Dr. h. c. Dr. E. h. Leo Brandt

DK 621.382.2 : 621.384

o. Prof. Dr.-Ing. Max Knoll, München

Dipl.-Ing. Ingolf Ruge, wiss. Assistent, München

Dipl.-Ing. Günter Stetter, wiss. Mitarbeiter, München

Institut für Technische Elektronik, Technische Hochschule München
in Zusammenarbeit mit Elektrizitäts-AG, Ratingen

Teilchenzählung und Dosimetrie
mit Silizium-PN-Sperrschichten

WESTDEUTSCHER VERLAG · KÖLN UND OPLADEN 1964

ISBN 978-3-663-00823-1   ISBN 978-3-663-02736-2 (eBook)
DOI 10.1007/978-3-663-02736-2

Verlags-Nr. 011295
© 1964 by Westdeutscher Verlag, Köln und Opladen
Gesamtherstellung: Westdeutscher Verlag

Inhalt

I. Strahlennachweis und Teilchenzählung durch Trennung und Sammlung der erzeugten Ladungsträger mittels einer Silizium-pn-Sperrschicht

1. Der Effekt der strahlungsinduzierten Leitfähigkeit

Wird ein Halbleiter mit einem radioaktiven Präparat, z. B. dem Beta-Strahler Strontium 90–Yttrium 90 bestrahlt, so werden die Beta-Teilchen, schnelle Elektronen, in dem Halbleiter abgebremst und geben ihre Energie größtenteils zur Ionisation der Atome des Halbleitermaterials ab. Zur Erzeugung von einem Elektronen-Loch-Paar werden in Silizium ungefähr 3,6 eV und im Germanium 2,9 eV benötigt, so daß beispielsweise ein Beta-Teilchen von 900 keV fast 300 000 langsame Elektronen erzeugen kann. Die freien Ladungsträger, die auf diese Art erzeugt werden, übertreffen die Zahl der durch das thermodynamische Gleichgewicht vorhandenen freien Minoritätsträger.

Enthält der Halbleiter eine pn-Sperrschicht, so bewirkt die durch Strahlung erzeugte Änderung der Minoritätsträgerkonzentration eine Änderung der Raumladungsverhältnisse in der Sperrschicht; es entsteht eine elektrische Potentialdifferenz an den Elektroden, bzw. es fließt ein Kurzschlußstrom. Prinzipiell dieselben Verhältnisse ergeben sich bei Bestrahlung des Halbleiters bzw. der Sperrschicht mit Licht (vgl. Abb. 1).

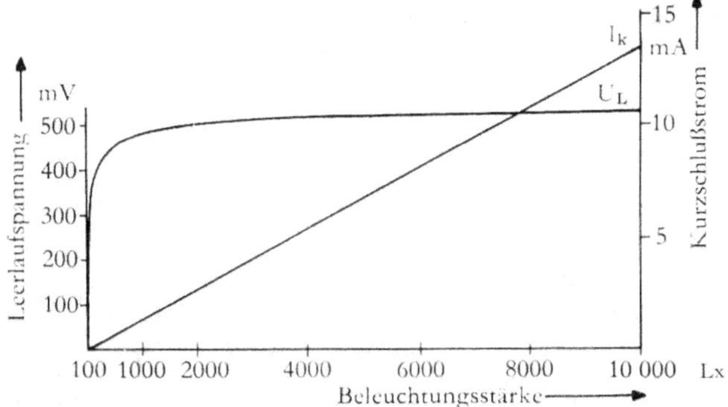

Abb. 1 Leerlaufspannung und Kurzschlußstrom einer Silizium-pn-Sperrschicht in Abhängigkeit von der Beleuchtungsstärke (Einstrahlung mit sichtbarem Licht) [17]

Da jedes schnelle Elektron (Beta-Teilchen) viele langsame Elektronen (Ladungsträger) erzeugt, ist es also mittels einer pn-Schicht möglich, einen kleinen Strom von sehr energiereichen Beta-Teilchen in einen größeren Strom von langsamen Elektronen zu verwandeln. Die Größe dieses Stroms (oder der entstehenden Leerlaufspannung) kann als Maß für die Dosisleistung verwendet werden. Es wurde untersucht, ob sich eine solche Meßmethode für die Messung der Dosisleistung praktisch anwenden läßt und wie hoch ihre Empfindlichkeit für den Nachweis radioaktiver Strahlung ist.

2. Die bei den Messungen verwendeten radioaktiven Präparate

Es wurde ein ß-Präparat ($Sr^{90} Y^{90}$) von 10 mC Aktivität verwendet. Die strahlende Substanz war in fester Form auf einer kleinen Messingscheibe aufgebracht (1 cm^2) und mit einer 0,2 mm dicken Monel-Schutzschicht bedampft (Monel: 65% Ni, 35% Cu).
Die Dosisleistung dieses Präparates betrug an der Oberfläche der Monelschicht 9200 (rep/h) – (gemessen mit Duplex-Dosimeter der Firma Pychlau, Freiburg). Da man voraussetzen kann, daß der Kurzschlußstrom der pn-Schicht proportional zur eingestrahlten Dosisleistung ist (solange die Eindringtiefe der Strahlung groß gegen die Tiefe des pn-Übergangs ist[1]), genügt die Messung des Kurzschlußstromes bei *einer* Dosisleistung zur Festlegung der Empfindlichkeit.

3. Die verwendeten Dioden

Zur Erzielung hoher Empfindlichkeiten sollte die Fläche des pn-Überganges möglichst groß sein. Günstige Ergebnisse erzielt man bei Verwendung großflächiger Silizium-*Photodioden*. Sie haben vor allem als sogenannte »Solarelemente« (direkte Umwandlung von Sonnenenergie in elektrischen Strom mit Wirkungsgraden bis 20%) starke Beachtung gefunden.
Die einzigen, seinerzeit[2] im Handel erhältlichen Si-Photodioden waren »Hoffmann Silicon Solar-Cells« (Hoffmann Electronics Corporation, Evanston, Ill., USA).
Außerdem wurden von der Firma Siemens & Halske, München, zwei Muster (125/4 und 128/1) der Si-Photodioden TP 60 zur Verfügung gestellt.
Die von den Herstellern angegebenen Kenndaten zeigt die nachfolgende Tabelle:

Tab. 1 Kenndaten für Licht sowie Kurzschlußströme und Leerlaufspannungen bei Einstrahlung mit 9200 rep/h ($Sr^{90} Y^{90}$) einiger kommerzieller Photodioden

Type	Dimension	Fläche	J_K bei 10^3 Lux	$U_{L\,max}$	J_K bei 9200 (rep/h) ($Sr^{90} Y^{90}$)	U_L bei 9200 (rep/h) ($Sr^{90} Y^{90}$)
1) 110 C	1×1 cm	0,9 cm^2	2,1 mA	0,55 V	74 nA	1,3 mV
2) 58 C	0,5×0,25	0,1 cm^2	0,25 mA	0,55 V	51,5 nA	0,5 mV
3) 125/4	0,5 cm ⌀	0,2 cm^2	0,9 mA	0,45 V	78 nA	18 mV
4) 128/1	0,5 cm ⌀	0,2 cm^2	0,3 mA	0,43 V	25 nA	13 mV

[1] Der pn-Übergang liegt in einer Ebene parallel zu der Halbleiteroberfläche, auf die die Strahlung senkrecht auftrifft.
[2] Diese Untersuchungen wurden im Jahre 1957/58 durchgeführt.

4. Der Kurzschlußstrom I_K als Funktion der Bestrahlungsstärke ($R_a \ll R_i$)

Infolge des linearen Zusammenhangs zwischen dem Kurzschlußstrom I_K und der Dosisleistung D/t erscheint die Auswertung von I_K am zweckmäßigsten. Sie läßt sich auch meßtechnisch leicht verwirklichen und wurde deshalb ausschließlich angewendet.

Der Innenwiderstand der Dioden R_i liegt bei der oben erwähnten eingestrahlten Dosisleistung in der Größenordnung von $10 \div 100$ (kOhm), so daß die Bedingung $R_a \ll R_i$ erfüllt ist, wenn man I_K mit einem Lichtzeigergalvanometer niedrigen Innenwiderstandes mißt (Abb. 2).

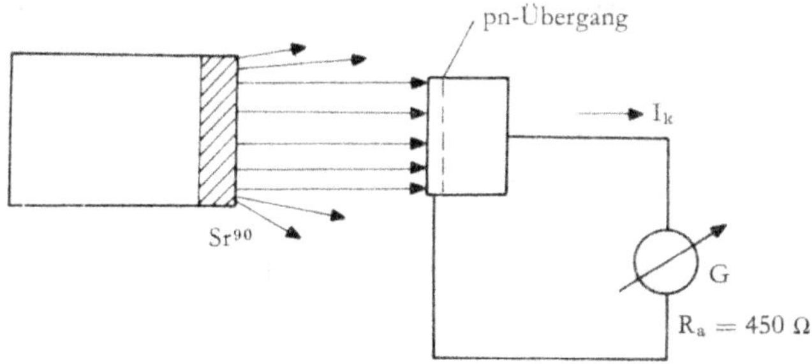

Abb. 2 Schematische Darstellung der Versuchsanordnung zur Messung des Kurzschlußstromes

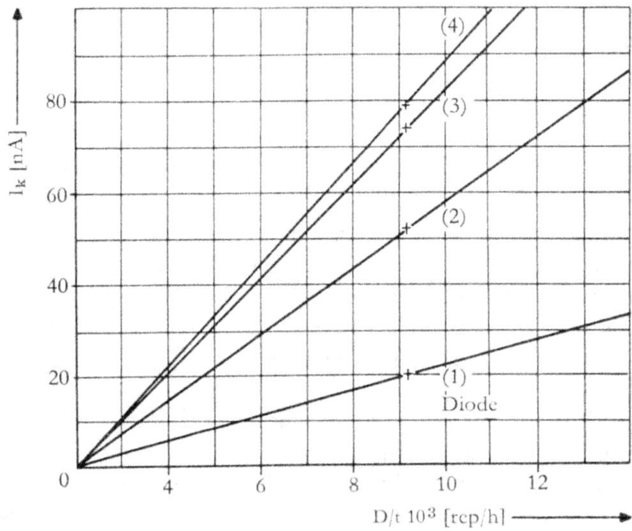

Abb. 3 Der Kurzschlußstrom I_K in Abhängigkeit von der eingestrahlten Dosisleistung D/t des verwendeten β-Präparates ($Sr^{90}\,Y^{90}$) für verschiedene Photodioden (vgl. dazu Tab. 1)

Das verwendete Galvanometer war ein tragbares Lichtzeigergalvanometer (A 70/
556 der Firma Kipp-Delft, Holland). Größte Empfindlichkeit: $5 \cdot 10^{-10}$ (A/Skt)
bei 450 Ohm Innenwiderstand.

Aus den Messungen lassen sich folgende Ergebnisse ableiten: Die Nachweisempfindlichkeit ist fast ausschließlich durch die meßtechnischen Möglichkeiten
gegeben. Wie man Abb. 3 entnehmen kann, bewegt sich I_K bei Bestrahlung mit
100 (r/h) in der Größenordnung von 10^{-9} (A). Um diesen Strom noch mit guter
Genauigkeit zur Anzeige zu bringen, sind bereits hochempfindliche Galvanometer
oder Gleichstromverstärker erforderlich.

Bei Auswertung des Kurzschlußstromes I_K besteht keine obere Nachweisgrenze.
Bei sehr hohen Bestrahlungsstärken bzw. Ladungsträgererzeugungen steigt allerdings infolge der hohen Minoritätsträgerdichte die Rekombinationswahrschein-
lichkeit, was dazu führt, daß der Kurzschlußstrom mit der eingestrahlten Dosisleistung nicht mehr linear verläuft. Diese Vorgänge wirken sich jedoch erst bei
Bestrahlung $> 10^9$ r/h aus ($I_K > 20$ mA).

5. Die Leerlaufspannung U_L als Funktion der Bestrahlungsstärke ($R_a \gg R_i$)

Eine Auswertung der Leerlaufspannung U_L wäre sinnvoll im Gebiet der unteren
Nachweisgrenze, weil hier U_L als Funktion der Dosisleistung steil ansteigt
(Abb. 1). Außerdem verläuft in diesem Bereich auch die Kurve $U_L = f(D/t)$
mit hinreichender Genauigkeit linear. Die Meßanzeige hätte mittels eines sehr
empfindlichen Gleichspannungsverstärkers mit einem Eingangswiderstand
$R_a > 10$ MOhm ($R_a \gg R_i$) zu erfolgen oder mit einem hochwertigen Elektro-
meter.

6. Auswirkungen von Strahlenschäden im Halbleitermaterial

Eine Photodiode der Fa. Hoffmann wurde einer Bestrahlung von längerer Dauer
ausgesetzt und dabei I_K als Funktion von der Zeit aufgenommen. Wenn sich
diese Veränderung der Empfindlichkeit auch durch Tempern der Dioden ganz
oder teilweise wieder ausheilen läßt, so stellt sie doch die hauptsächliche Schwie-
rigkeit bei Verwendung einer Silizium-Photodiode als Strahlenindikator für
hohe Dosisleistungen dar.

Kann man jedoch dafür Sorge tragen, daß die Diode beim Messen von starken
Dosisleistungen der Strahlung immer nur kurze Zeit ausgesetzt ist, so ist die
Lebensdauer, wie aus Abb. 4 ersichtlich, durchaus ausreichend.

Physikalisch läßt sich der Effekt des Strahlenschadens dadurch erklären, daß
Gamma- und Röntgenstrahlen, schnelle Neutronen, schnelle Beta-Strahlen und
andere energiereiche Strahlungen FRENKEL- und SCHOTTKY-Defekte erzeugen.
Solche »Gitterstörungen« (lattice displacements) können nur auftreten, wenn die
Energie, die auf ein Gitteratom übertragen wird, einen Schwellwert, der für

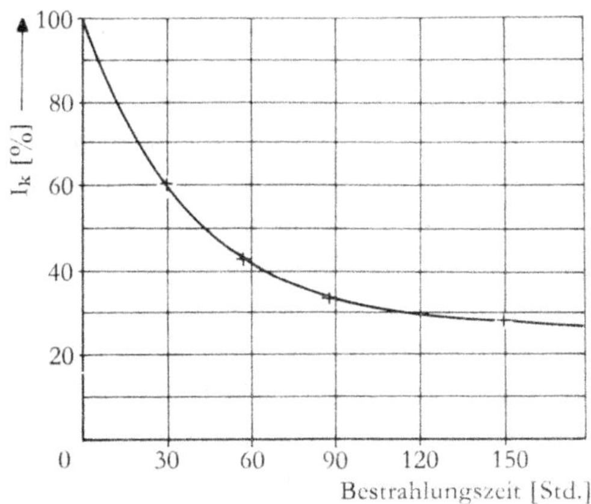

Abb. 4 Abnahme des Kurzschlußstromes durch Zunahme des Strahlenschadens bei langandauernder Bestrahlung
(D/t = 9200 rep/h)

Germanium z. B. zu $\approx$ 13 eV experimentell gefunden worden ist [1], überschreitet. Um diese Energie bei einem Zusammenstoß mit einem Germaniumatom zu übertragen, muß das bombardierende Elektron eine Energie von 345 keV haben, während die schweren Neutronen nur 245 eV erfordern würden. Diese Defekte wirken als Rekombinationszentren, so daß also ein Großteil der Trägerpaare vorzeitig rekombiniert.

Es ist möglich, den Strahlenschaden durch Temperung des Kristalls wieder auszuheilen. PFANN und ROOSBROECK [2] setzten eine Si-Diode einem Dauerbelastungsversuch aus. Durch anschließendes Lagern der Diode bei Raumtemperatur über 5 Wochen stieg I_K wieder auf 62% des ursprünglichen Wertes. Nach einem zusätzlichen 24stündigen Tempern bei 110°C erreichte I_K sogar wieder den ursprünglichen Wert. Einfache Regenerierversuche, die bei der vorliegenden Arbeit durchgeführt wurden, führten aber zu keinem Erfolg.

7. Beschreibung einer praktisch verwendeten Meßsonde nach dem vorliegenden Prinzip

Im folgenden wird eine Meßsonde beschrieben, die von den Autoren für Strahlungsmessungen benützt wird.

Die verwendete Si-pn-Sperrschicht war eine Solar-Zelle der Firma Siemens & Halske (TP 60). Sie wurde in eine lichtdichte Metallkapsel mit einem Aluminiumfenster von 10 μ Dicke eingebaut. Der strahlungsempfindliche pn-Übergang der Diode liegt etwa 3–5 μ unter der Si-Oberfläche. Wie bereits beschrieben, entsteht bei Bestrahlung des pn-Überganges mit ionisierender Strahlung an der äußeren Klemme der Diode eine Leerlaufspannung oder ein Kurzschlußstrom. Da zum Kurzschlußstrom und der Leerlaufspannung der Diode die im pn-Übergang selbst

und seiner unmittelbaren Umgebung gebildeten Trägerpaare beitragen, ist die »wirksame Sondendicke« nur etwa 10 μ (2,5 mg/cm²). Damit ist die vorliegende Anordnung auch besonders gut zur Messung von Beta-Strahlung geeignet.
Die Meßanordnung entspricht der Abb. 2. Im Gebiet der Nachweisempfindlichkeit wurde jedoch nicht der Kurzschlußstrom, sondern die Leerlaufspannung der Diode mit einem Gleichspannungsverstärker ausgewertet. (Innenwiderstand > 10 MOhm.) Dadurch konnte eine untere Nachweisempfindlichkeit von 4 (r/h) erreicht werden.

8. Eichung der Meßsonde

Zur Eichung wurden verschiedene radioaktive Präparate verwendet: 100 (mC) Cs 137 (Gamma-Strahler, $E_\gamma = 0,66$ MeV), 300 (mC) Co 60 (Gamma-Strahler, $E_\gamma = 1,1$ und 1,3 MeV), 500 (mC) $Sr^{90} Y^{90}$ (Beta-Strahler, $E_{\beta\,\mathrm{mittel}} \approx 800$ keV). Die Dosisleistung in einem bestimmten Abstand von diesen Präparaten war auf Grund von Messungen mit einer »Jordan«-Ionisationskammer (Type AGB-10 KG) bekannt. Durch Prüfung des Abstandsgesetzes ($D/t \sim 1/r^2$) bei allen

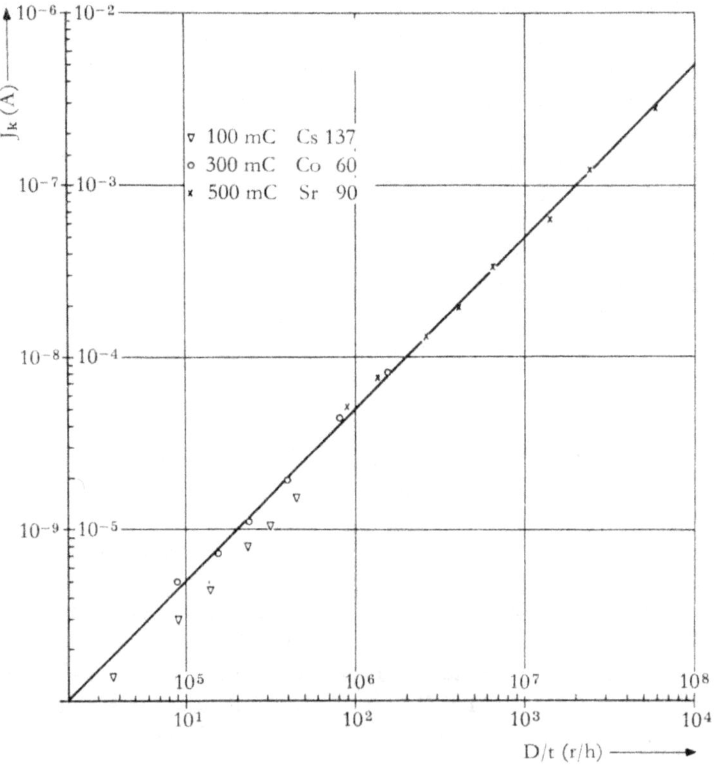

Abb. 5   Eichung einer Si-pn-Schicht als Dosimeter

drei Präparaten konnte sowohl die Linearität des Kurzschlußstromes als Funktion der Dosisleistung als auch die Unabhängigkeit der Sonde von der Energie und Art der Strahlung in dem untersuchten Bereich der Strahlungshärte kontrolliert werden.

Das Ergebnis dieser Messung zeigt Abb. 5. Man erkennt, daß die Linearität des Kurzschlußstromes weitgehend erfüllt ist.

Zwischen Co^{60} (1,1 MeV; 1,3 MeV) und Cs 137 (0,66 MeV) zeigt sich eine Abweichung von 30 bis 40%. Hierbei ist jedoch zu berücksichtigen, daß die Eichung der Präparate mittels der Jordan-Ionisationskammer bereits mit der Meßungenauigkeit dieser Kammer behaftet ist. Nach den Angaben der Herstellerfirma soll die Genauigkeit dieser Kammer bei ca. $\pm$ 25% liegen.

Gut erkennbar ist die genaue Übereinstimmung der Diode TP 60 mit der Jordan-Ionisationskammer bei $Sr^{90}Y^{90}$-Beta-Strahlung. Es scheint, daß die Si-Sonde zur Messung von Beta-Strahlung gut verwendet werden kann (s. auch 7.).

9. Meßbereich der Si-Sonde als Strahlungsdetektor

Da man aus Lichtmessungen zeigen kann, daß die Linearität des Kurzschlußstromes als Funktion der Bestrahlungsintensität bis zu einem Kurzschlußstrom von ca. 50 (mA) erfüllt ist, kann man dies auch für Anregung mit Beta- und Gamma-Strahlung erwarten. Damit läßt sich der bei den Eichmessungen bereits erfaßte Meßbereich von ca. 10^1 bis 10^4 (r/h) um weitere fünf Zehnerpotenzen extrapolieren, so daß sich ein Gesamtmeßbereich von 10^1 bis 10^9 (r/h) ergibt.

II. Teilchenzählung durch Lawinenbildung mit Silizium-pn-Sperrschichten, die im Sperrdurchbruchbereich der Diodencharakteristik arbeiten

1. Die innere Feldemission und der Lawinendurchbruch

Wie im vorangegangenen Kapitel erläutert, bewirkte allein die innere Diffusionsspannung einer Si-pn-Sperrschicht eine Trennung der durch ionisierende Einstrahlung innerhalb des pn-Übergangsgebietes erzeugten Elektronen-Lochpaare und eine Sammlung der Träger jeweils nach Vorzeichen.

Legt man von außen eine Spannung an die pn-Schicht, derart, daß das aus der Diffusion resultierende negative Potential der p-Schicht vergrößert wird (Spannung in Sperrichtung), so wird der pn-Übergang breiter und die Bandränder steiler (vgl. Abb. 6). Genauer gesagt: Die Raumladungszone wird proportional der Wurzel aus der angelegten Spannung für den abrupten pn-Übergang oder proportional der Kubikwurzel für den sanften pn-Übergang vergrößert. Die Bandkantenverschiebung erfolgt aber direkt proportional der angelegten Sperrspannung, also proportional $(U_{sp} + U_D)$ (vgl. Abb. 6).

Aus der Poissonschen Gl. (1) ist ersichtlich,

$$\frac{\partial^2 \psi}{\partial x^2} = -\frac{1}{\varepsilon \varepsilon_0} \rho = -\frac{e}{\varepsilon \varepsilon_0} (p - n + n_D - n_A) \tag{1}$$

daß die Steilheit der Bandränder nicht nur eine Funktion der angelegten Sperrspannung ist, sondern auch von der Höhe der Dotierung bzw. der Anzahl der Donator- und Akzeptorterme abhängt. Das bedeutet, daß die gleiche Steilheit der Bandränder bei geringer Dotierung erst später erreicht wird.

Beliebig hohe Sperrspannungen kann der pn-Übergang aber nicht aufnehmen. Mit steigender Spannung steigt die Steilheit der Bandränder und die maximale Feldstärke im pn-Übergang an.

Je nach Höhe der Dotierung von n- und p-Material erfolgt bei einer bestimmten Sperrspannung ein spontaner steiler Anstieg des geringen Sperrsättigungsstromes. Es hat sich gezeigt, daß dieser spontane Sperrstromanstieg auf Grund von zwei verschiedenen Mechanismen erfolgt: Bei hochdotiertem p- und n-Silizium (schmaler pn-Übergang) erfolgt der plötzliche Sperrstromanstieg auf Grund von innerer Feldemission. Hier wird mit zunehmender Sperrspannung die Breite des Potentialwalls (B_1 bzw. B_2) so weit verkleinert, daß ein Elektron auf dem Tunnelweg aus dem Valenzband ins Leitungsband gelangen kann. Mit anderen Worten: Durch die Verschmälerung des Potentialwalles kann die Tunnelwahrscheinlichkeit (Übergangswahrscheinlichkeit) eines Elektrons zwischen zwei energetisch gleichwertigen, benachbarten Zuständen im Leitungs- und Valenzband merklich zunehmen.

14

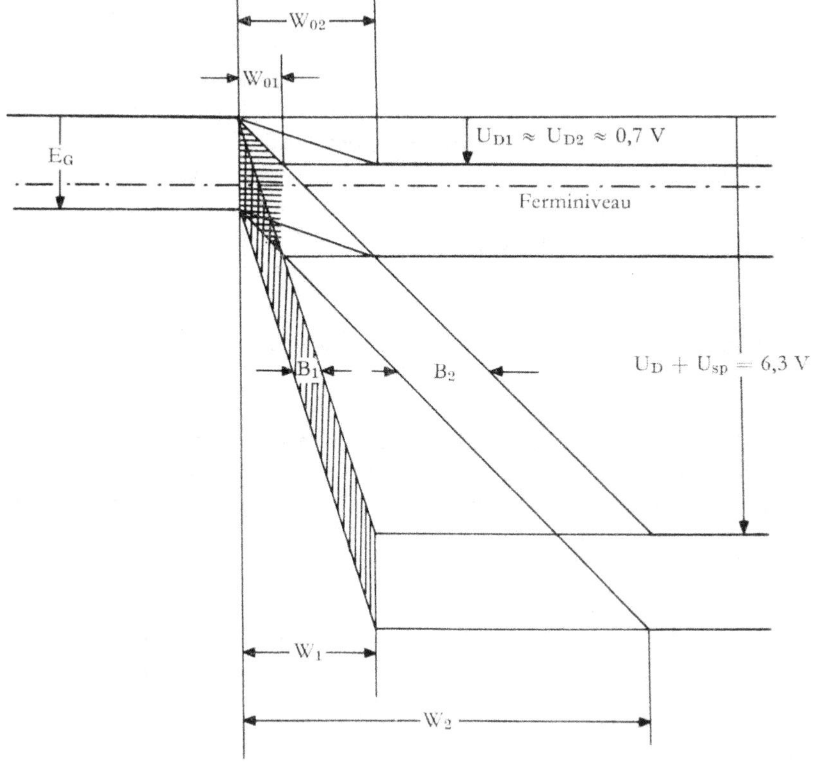

Abb. 6 Weite der Raumladungszonen (pn-Übergangszonen) W_1 bzw. W_2 und Steilheit der Bandränder bei zwei verschiedenen Dotierungen (Dotierungsverhältnis ungefähr 1:3) und gleichen Sperrspannungen

Die kritische Feldstärke, oberhalb der die Tunnelwahrscheinlichkeit einen merklichen Wert annimmt, wurde für den abrupten pn-Übergang in Si zu $2,5 \cdot 10^5$ (V/cm) bestimmt [3].
Die kritische Feldstärke kann durchaus schon bei der Diffusionsspannung allein, d. h. ohne äußere Vorspannung erreicht sein. (Dies tritt bei der sogenannten Tunneldiode ein.)
Die Übergangswahrscheinlichkeit der Elektronen aus dem Valenzband ins Leitungsband auf dem Tunnelwege ist durch eine Vermehrung der Minoritätsträger auf Grund Einfall ionisierender Strahlung nicht zu beeinflussen. Das bedeutet, daß der Tunnel- oder Zenerstrom strahlungsunempfindlich ist.
Bei niedrig dotiertem p- und n-Silizium oder im technisch häufig auftretenden Falle des unsymmetrisch abrupten pn-Überganges, wo eine Seite wesentlich stärker dotiert ist als die andere, nimmt die Weite des pn-Überganges zu (W_{02} bzw. W_2). Auch bei Vorspannung in Sperrichtung ist dann der zu durchtunnelnde Energiewall (B_2) so stark, daß die Tunnelwahrscheinlichkeit keinen technischen Wert annimmt. Der Anstieg der Ladungsträger bei hohen Feldstärken im pn-

Übergang resultiert hier aus einem anderen Mechanismus: Auf Grund der hohen Feldstärke werden die freien Ladungsträger (Minoritätsladungsträger) im pn-Übergang so stark beschleunigt, daß sie beim Zusammenstoß mit Gitteratomen neue freie Ladungsträger erzeugen, die wiederum bis zur Stoßionisation beschleunigt werden können. Der Sperrstrom steigt bei dem Einsetzen dieser Ladungsträgerlawinen um mehrere Zehnerpotenzen an. Im Gegensatz zum Tunnelstrom ist dieses Ansteigen des Sperrsättigungsstromes gegenüber einfallender ionisierender Strahlung empfindlich, wie später genauer dargestellt wird.

2. Experimenteller Nachweis der Stoßionisation durch McAfee und McKay

Den experimentellen Nachweis der Stoßionisation in weiten pn-Übergängen brachten erstmalig McKay und McAfee [4]. Sie nahmen den Verlauf des Sperrstromes von Si- und Ge-Dioden mit breiten pn-Übergängen ($U_{DGe} = 33{,}9$ V;

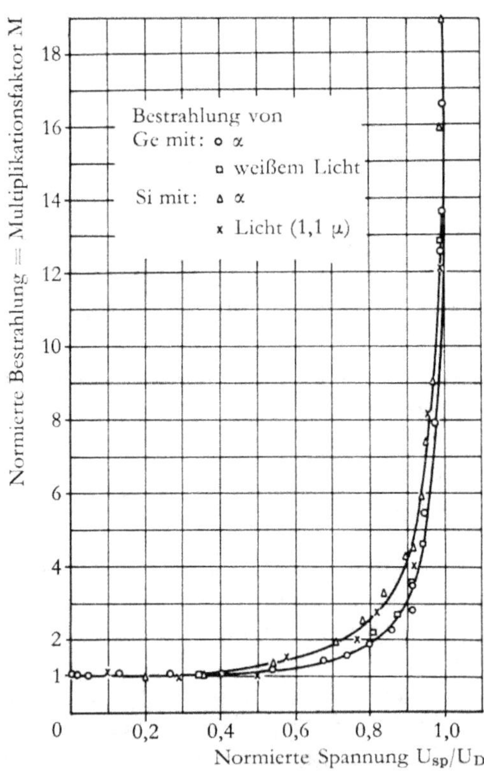

Abb. 7   Der Multiplikationsfaktor von »weiten« Si- und Ge-pn-Sperrschichten in Abhängigkeit von der normierten Sperrspannung (U_{sp}/U_D) bei Bestrahlung mit Licht- und α-Strahlen [4]

$U_{DSi} = 11,3$ V) als Funktion der Sperrspannung einmal bei zusätzlicher Ladungsträgererzeugung durch ionisierende Strahlung (Licht- oder Alpha-Teilcheneinstrahlung) und einmal ohne Einstrahlung auf. Mit einem Lichtpunkt von geringer Ausdehnung oder einem ausgeblendeten Alpha-Strahlenbündel wurde jeweils nur innerhalb des pn-Überganges eingestrahlt.

Es zeigte sich, daß der durch diese Einstrahlung zusätzlich erzeugte Strom mit der Sperrspannung nicht linear oder mit $U^{1/2}$ entsprechend der Weite für diese gezogenen pn-Sperrschichten wächst. Die Abb. 7 zeigt die von den genannten Autoren experimentell aufgenommenen Kurven. Auf der Ordinate ist der gemessene Sperrstrom aufgetragen, bezogen auf den Sperrstrom, bei dem bei niedrigen Sperrspannungen noch keine Multiplikation erfolgte, also (i_{sp}/i_{spo}); i_{spo} setzt sich zusammen aus den gesammelten Minoritätsträgern und den zusätzlich innerhalb der Weite W des pn-Überganges erzeugten Ladungsträgern. Bei höheren Sperrspannungen werden diese Ladungsträger auf Grund des hohen elektrischen Feldes im pn-Übergang so stark beschleunigt, daß sie durch die Ladungsträgerlawinen *vermehrt werden* (i_{sp}). Die Autoren haben deswegen auch i_{sp}/i_{spo} als Multiplikationsfaktor M bezeichnet und ihn über der normierten Sperrspannung aufgetragen. Bei niedrigen Sperrspannungen ist er 1. Er nimmt,

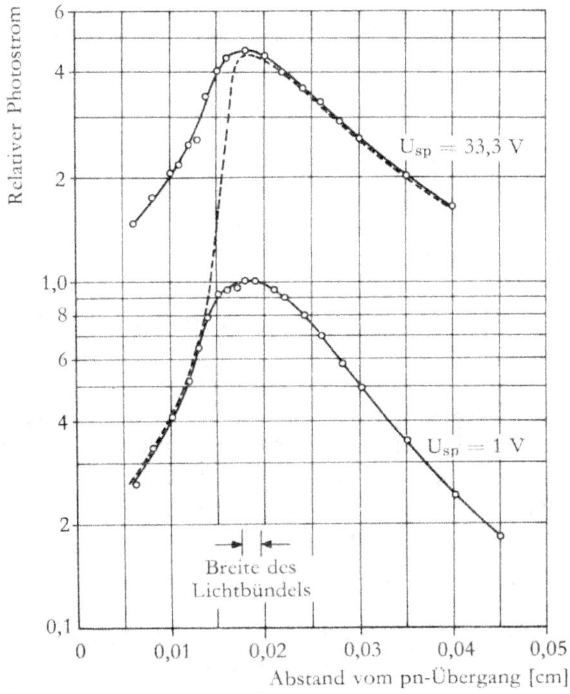

Abb. 8   Der Photostrom einer pn-Schicht mit ($U_{sp} = 33,3$ V) und ohne ($U_{sp} = 1$ V) Trägermultiplikation bei punktförmiger Anregung des Kristalls in verschiedener Entfernung vom pn-Übergang [4]

wie die Kurven aus Abb. 7 zeigen, über der Sperrspannung zu. Auf der Abszisse ist die normierte Sperrspannung U_{sp}/U_D aufgetragen. U_D ist die Spannung, bei der bei den einzelnen pn-Schichten der Sperrstrom-Durchbruch erfolgt.

Ein sehr aufschlußreiches Experiment haben beide Autoren zur Frage der Ionisierungsfähigkeit von sowohl Elektronen als auch Löchern bei hohen elektrischen Feldstärken im pn-Übergang unternommen: Sie bestrahlten den pn-Übergang[3] mit einer schmalen Lichtsonde (Breite des Lichtfleckes 25 μ) auf der n- und auch auf der p-Seite in verschiedenen Entfernungen vom pn-Übergang. Der Sperrstrom wurde als Funktion vom Bestrahlungsort einmal bei einer Sperrspannung gemessen, bei der sicher noch keine Stoßionisation und damit Ladungsträgerlawinenbildung erfolgte, und einmal bei einer Sperrspannung, bei der der Multiplikationsfaktor $M > 1$ war. Eine exakte und saubere Spaltanordnung für den Lichtpunkt garantierte, daß bei Abwesenheit von Streulicht nur Löcher in den pn-Übergang wandern konnten, wenn die n-Seite bestrahlt wurde, und umgekehrt nur Elektronen in den pn-Übergang wandern konnten, wenn die p-Seite bestrahlt wurde.

Die Kurven des Photostromes für die beiden Sperrspannungen sind in Abb. 8 wiedergegeben. Als beachtliches Ergebnis tritt in Erscheinung, daß die Ionisationswahrscheinlichkeit und -fähigkeit von Elektronen und Löchern praktisch gleichgroß ist. Würden nämlich die Löcher bei den hohen Feldern nicht ionisieren, so müßte Kurve 2 ($U_{sp} = 33,3$ V) auf der n-Seite dem gestrichelten Verlauf folgen.

3. Die Lokalisation der Stoßionisationsbereiche

Die Energie, oberhalb der ein freies Elektron oder ein Loch ionisieren kann (Schwellenenergie), wurde von WOLFF [5] für Si zu 2,3 eV berechnet, später von McKAY und CHYNOWETH ermittelt [6], wobei für Elektronen ein Wert von 2,3 eV bestimmt wurde, der etwas von dem für Löcher abweicht (2,8 eV).

Wenn in einem pn-Übergang Stoßionisation erfolgt, von außen (an den Klemmen der Diode) erkennbar durch $M > 1$, so müssen im pn-Übergang freie Ladungsträger existieren mit Energien von 0 eV bis zur Ionisierungsenergie E_i. Infolgedessen besteht auch die Möglichkeit der Rekombination für Elektronen im genannten Energiebereich ($E = 0$ eV bis $E = E_i$) mit Löchern von ungefähr demselben Energiespektrum. Die dabei frei werdende Energie müßte als Photonenenergie abgegeben werden. Maximal wird

$$(2,3 \text{ eV} + 2,8 \text{ eV}) + 1,1 \text{ eV} = 6,2 \text{ eV},$$

minimal 1,1 ($= E_g$) frei. (Die praktisch auftretende Wahrscheinlichkeit der Rekombination energiereicher Löcher mit energiereichen Elektronen ist äußerst gering, so daß die erwähnte kurzwellige Rekombinationsstrahlung kaum auftreten wird.) Es muß also gleichzeitig mit dem Vorhandensein von beschleunigten

---

[3] Der pn-Übergang entstand beim Ziehen des Kristalls.

18

Elektronen und Löchern, die die Stoßionisation einleiten, eine Rekombinations-
strahlung in Erscheinung treten, die energiereicher ist als die UR-Strahlung aus
Leitungsband-Valenzband-Übergängen bei Silizium. Dies wurde tatsächlich
experimentell bestätigt.

NEWMAN, DASH, HALL und BURCH [7] fanden zum erstenmal, daß der Durchgang
von Sperrströmen durch eine pn-Schicht mit der Emission von sichtbarem Licht
verbunden ist. Genauere Untersuchungen, insbesondere die Lokalisierung der
Lichtpunkte und die Aufnahme der spektralen Verteilung des emittierten Lichtes,
führten CHYNOWETH und McKAY [6] durch. Verwendet wurden bei diesen Ver-
suchen flach diffundierte Dioden, bei denen der pn-Übergang $2\,\mu$ unter der
Kristalloberfläche verlief. Damit das Spektrum des emittierten Lichtes durch die
zu durchdringende Si-Schicht keine Verschiebung erfährt, wurden später die
Kristalle nach der Diffusion unter einem kleinen Winkel zur Oberfläche schräg
angeschliffen, so daß der pn-Übergang an die Oberfläche stieß.

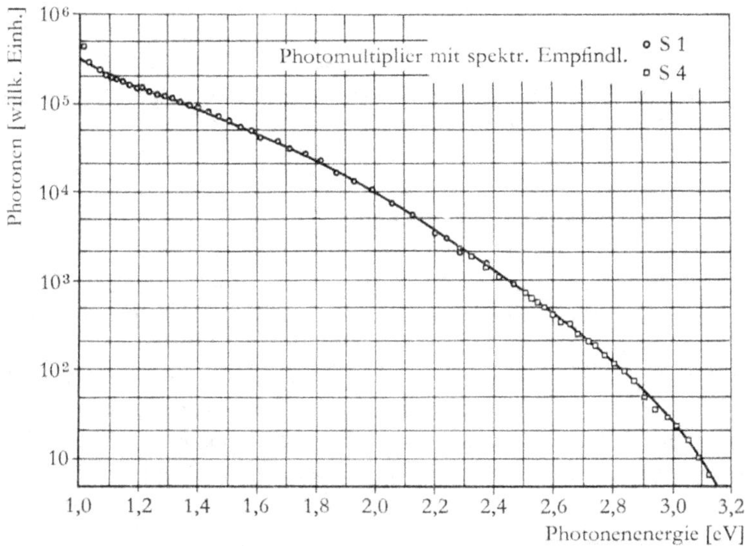

Abb. 9   Spektrale Verteilung der Rekombinations-Strahlung [6]

Das von den genannten Autoren aufgenommene Spektrum der Rekombinations-
strahlung ist in Abb. 9 wiedergegeben. Das Ansteigen zu langen Wellenlängen
hin konnte bisher nicht gedeutet werden. Wahrscheinlich erfährt das Licht von
Rekombinationszentren, die noch unterhalb der Kristalloberfläche liegen, eine
spektrale Verschiebung. Nach Moss [8] nimmt der Absorptionskoeffizient für
Silizium zu kurzen Wellenlängen hin rasch zu. Tatsächlich leuchten die Punkte an
den Kristallrändern und an der Stelle, wo der pn-Übergang an die Oberfläche
tritt, gelblicher bis weiß, während der größere Teil des Rekombinationsleuchtens
orange bis rot erscheint.

Später haben CHYNOWETH und McKAY [9] ihre Annahme experimentell bestätigt gefunden, daß der gesamte Sperr-Durchbruchstrom durch einzelne Stoßionisationskanäle geführt wird. Bei Erhöhung der Sperrspannung vergrößert sich etwas der Durchmesser des Stoßionisationskanals, so daß der Strom durch einen Kanal steigen kann. Höhere Sperrströme setzen sich aus den Strömen entsprechend vieler Stoßionisationskanäle zusammen.

Der Durchmesser der Stoßkanäle konnte auf Grund der Lichtpunkte nicht bestimmt werden. Bei geringer optischer Vergrößerung wurde ein leuchtender Punkt als eine Ansammlung mehrerer Leuchtflecken identifiziert. Zur größeren Auflösung sind daher starke Vergrößerungen mit dem Mikroskop notwendig, dafür ist aber die Intensität des Rekombinationsleuchtens zu schwach. Eine Abschätzung der Dimensionen solcher Stoßionisationskanäle, die auch Mikroplasmakanäle (MP) genannt werden, hat ROSE [10] theoretisch durchgeführt. Unter Zugrundelegung des Stromes, der durch einen Kanal transportiert wird, sowie der Driftgeschwindigkeit der Ladungsträger bei der vorherrschenden Feldstärke wurde der Durchmesser eines MP-Kanals zu 500 Å berechnet und die Länge zu 500–600 Å.

Auf Grund von Messungen [11], die das Auftreten des Rekombinationsleuchtens in bezug auf die Kristallstruktur betrafen, sollen solche Mikroplasmen vornehmlich an Versetzungslinien und Kristallfehlern auftreten.

4. Phänomene der Fluktuation

Bei Beobachtung des Rekombinationsleuchtens einzelner Mikroplasmapunkte in Verbindung mit der Beobachtung der gleichzeitig geschriebenen U-I-Kennlinie auf dem Oszillographen stellte man fest [9, 12], daß der Strom durch ein MP nicht von 0 stetig ansteigt, sondern erst ab einem gewissen Wert (30 ÷ 50 µA) stetig ist, d. h. mit der Sperrspannung auf der Widerstandsgeraden stetig ansteigt. Es wurde vermutet, daß unter dem genannten Strom bzw. unter der genannten Stromdichte eine zufällige Änderung (»fluctuation«) der Teilchendichte im MP für eine stabile Ladungsträgervermehrung nicht ausreicht und die Entladung

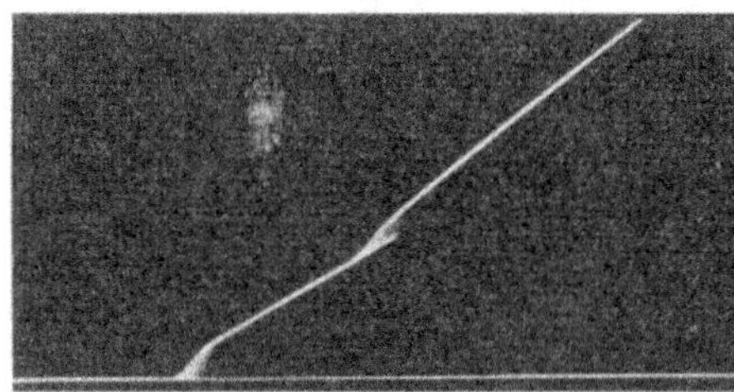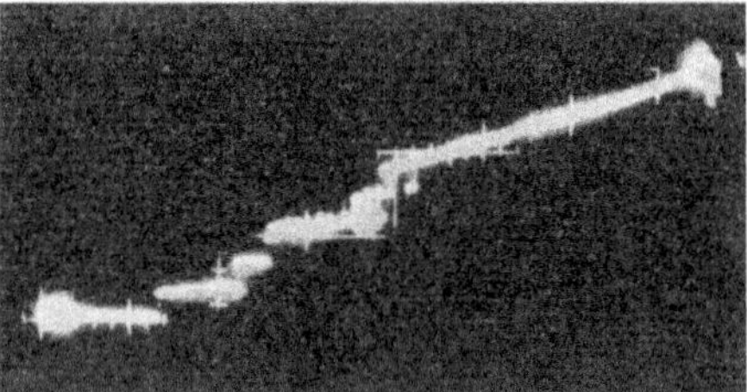

Abb. 10 und 11   Oszillographenaufnahmen der I-U-Kennlinie zweier Si-pn-Sperrschichten mit zwei (Abb. 10) und mehreren (Abb. 11) »Rauschbereichen«
(Ordinate: Sperrstrom; Abszisse: Sperrspannung)

deshalb abreißt [10, 13]. Man wird also jeweils bei Erreichen der Zündspannung eines Mikroplasmas einen Spannungsbereich feststellen können, in dem dieses spontane Abreißen der Entladung auftritt. Am Oszillographen, beim Schreiben der U-I-Kennlinie, weist dieser Bereich dann ein starkes Rauschen[4] auf (vgl. die Oszillographenaufnahmen der Stromspannungskennlinie zweier legierter Siliziumdioden).

5. Die ausgekoppelten Durchbruchimpulse innerhalb eines »Rauschbereichs«

Legt man den Arbeitspunkt, d. h. die Spannung an der Diode, z. B. in die erste Sprungstelle, so kann man die einzelnen »Rauschimpulse« auskoppeln. Ihre Form und Größe ist in der Oszillographenaufnahme der Abb. 12 wieder-

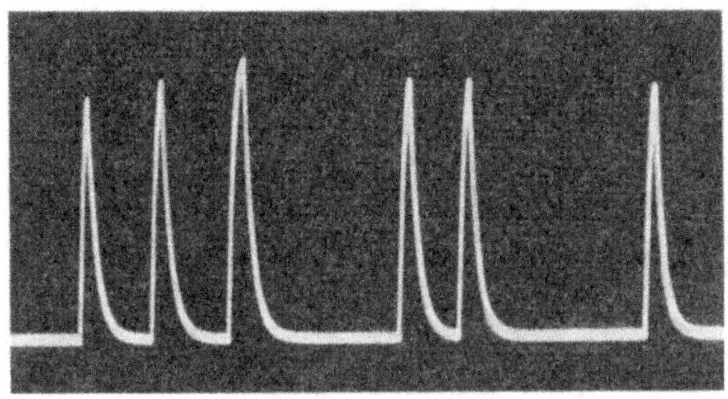

Abb. 12 Oszillographenaufnahme der Durchbruchimpulse am Anfang des ersten »Rauschbereichs« bei einer festen Sperrspannung
Amplitude der Impulse ungefähr 1 Volt; Dauer ungefähr 3 μsec

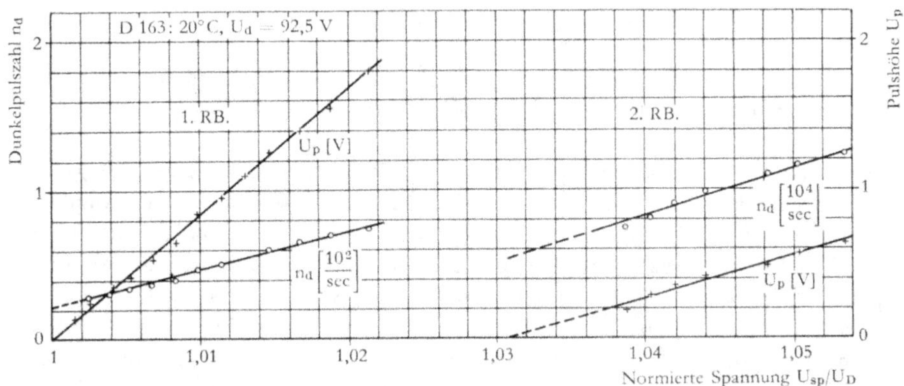

Abb. 13 Zunahme der Durchbruchimpulszahl (n_d) ohne äußere Einstrahlung (»Dunkelimpulse«) sowie Zunahme der Impulsamplitude mit der Sperrspannung für den ersten und zweiten »Rauschbereich« (RB)

[4] In der englischen Literatur unzweckmäßigerweise als »noise« oder »breakdown noise«, in der deutschen Literatur als »Rauschen« bekannt.

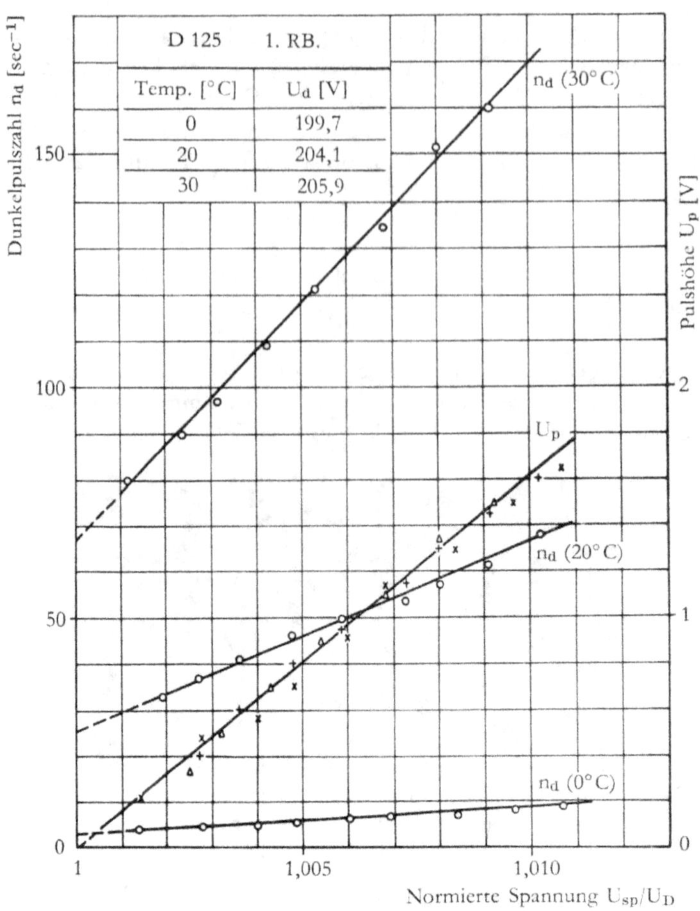

Abb. 14 Zunahme der Durchbruchimpulszahl (n_d) und der Impulsamplitude (U_p)
über der Sperrspannung bei verschiedenen Temperaturen

gegeben. Da es sich bei diesen Strom- bzw. Spannungsimpulsen um Begleiter-
scheinungen eines bistabilen Zustandes handelt, ist es zweckmäßig, im folgenden
diese Erscheinungen nicht als »Rauschen« zu bezeichnen, sondern als Strom-
durchbruch- oder Spannungsdurchbruchimpulse. Wenn nun die Spannung in
Sperrichtung weiter gesteigert wird, wobei der Strom durch dieses erste MP
zunimmt, erreicht man die Zündspannung eines zweiten MP. Erst wenn der
Strom durch dieses zweite MP eine bestimmte Größe erreicht hat, brennt auch
diese Entladung stabil. Bis zu diesem stabilen Zustand liefert auch das zweite MP
Durchbruchimpulse (zweiter Rauschbereich).
Es wurde eine Zunahme der Durchbruchimpulszahl (n_d) sowie der Amplitude
(U_p) der Durchbruchimpulse innerhalb eines »Rauschbereichs«, vor allem des
ersten »Rauschbereichs«, mit der Sperrspannung festgestellt (vgl. Abb. 13). Die
in dieser Abbildung aufgetragenen Meßpunkte für den zweiten »Rauschbereich«

22

(2. RB) zeigen deutlich, was bei Betrachtung der U-I-Kennlinie am Oszillographenschirmbild manchmal zu beobachten ist, nämlich daß die Impulsamplitude in dem zweiten und allen folgenden »Rauschbereichen« (RB) kleiner ist als im 1. RB, die Durchbruchimpulszahl (n_d) dagegen um mehrere Größenordnungen höher liegt als die im 1. RB. Die Begrenzung der Amplituden wird durch den Ohmschen Nebenschluß bereits brennender MP bewirkt, auch die Zunahme der Impulszahl wird von diesen brennenden MP verursacht. Es besteht die Möglichkeit, daß bei letzterem Effekt der »Phonon drag« eine Rolle spielt, was experimentell noch zu bestätigen wäre [18].

Es besteht auch eine Abhängigkeit der Durchbruchimpulszahl von der Temperatur. Entsprechend dem positiven Temperaturkoeffizienten für die Stoßionisation in Si wandert der Durchbruchpunkt und damit die U-I-Kennlinie einer Avalanche-Diode mit abnehmender Temperatur zu niedrigeren Sperrspannungen. Prinzipiell ist aber das Erscheinungsbild der Unstetigkeiten der U-I-Kennlinie bei tiefen Temperaturen (z. B. bei — 180° C) dasselbe wie bei Zimmertemperatur. Allerdings ist die Anzahl der Durchbruchimpulse innerhalb eines »Rauschbereichs«, z. B. des 1. RB, wesentlich geringer. In Abb. 14 ist der Verlauf der Impulsamplituden und der Impulszahl mit der Sperrspannung für den ersten »Rauschbereich« bei drei verschiedenen Temperaturen gezeichnet.

Als wesentliches Phänomen der Fluktuation am Durchbruchpunkt tritt die Strahlungsempfindlichkeit bzw. die Abhängigkeit der Durchbruchimpulszahl von der Einstrahlung mit Lichtquanten oder radioaktiven Teilchen oder Quanten in Erscheinung. Legt man den Arbeitspunkt an einen festen Spannungswert innerhalb des ersten »Rauschbereichs«, so erfolgt bei Einstrahlung mit Licht, β- oder γ-Strahlung eine Zunahme der ausgekoppelten Durchbruchimpulse (vgl. Abb. 15).

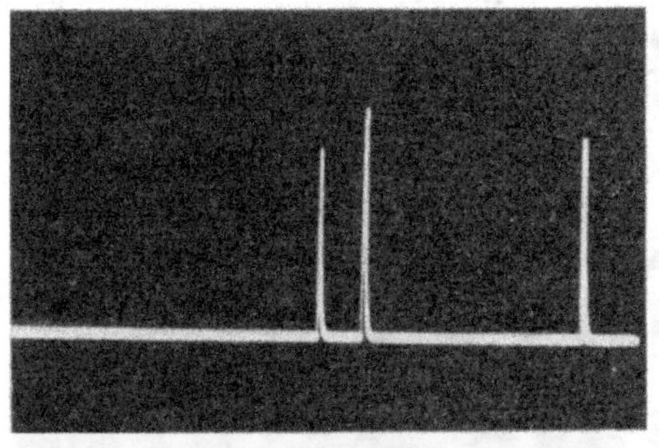
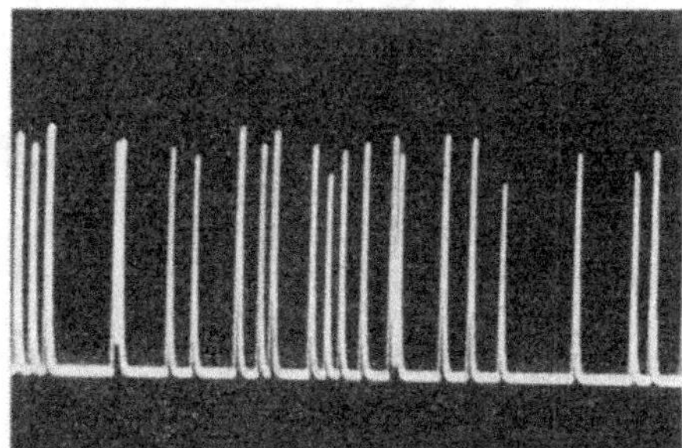

Abb. 15 Oszillographenaufnahmen der Durchbruchimpulse (Arbeitspunkt im 1. RB) bei Einstrahlung mit drei verschiedenen Strahlungsintensitäten

6.1 Die technische Auswertung der Strahlungsempfindlichkeit im Durchbruchbereich von Silizium-pn-Sperrschichten

Das im vorhergehenden Kapitel beschriebene Verhalten von »weiten« Si-pn-Sperrschichten im Durchbruchsgebiet, insbesondere die Zunahme der Durchbruchimpulszahl bei Einfall ionisierender Strahlung, läßt sich in zweierlei Weise auf das Problem der Messung radioaktiver Strahlung anwenden. Entweder wird die bei Bestrahlung steigende Zahl von Durchbruchimpulsen mit einer elektronischen Zählschaltung ausgewertet, oder es wird die steigende, dabei transportierte Ladungsmenge als Gleichstrommittelwert gemessen.

6.11 *Auswertung des Gleichstrommittelwertes im Durchbruchbereich als Maß für die einfallende Strahlung*

Als Strahlenquelle wurde bei diesem Verfahren nicht nur radioaktive Strahlung verwendet, sondern auch Licht. Die als Lichtquelle benutzte Reutherlampe (6 V, 30 W) lieferte ein paralleles Lichtbündel von 10 000 Lux bei einer Farbtemperatur von 2400°K. Durch Einsetzen verschiedener Graufilter war es möglich, die Lichtintensität von 0,02 Lx $\div$ 10^3 Lx in definierter Weise zu ändern. Die Batteriespannung U_B wurde wenig größer als die Durchbruchspannung U_D gewählt und durch den Spannungsteiler R_1, R_2 auf den gewünschten Wert eingestellt (vgl. Abb. 16). Die Diode liegt über den Serienwiderstand R_s und über das Galvanometer G an dieser Spannung, die am Röhrenvoltmeter RV in Kompensation gemessen wird. Mit dieser Anordnung ist eine punktweise Aufnahme der Gleichstromkennlinie im Durchbruchgebiet möglich. Der Serienwiderstand R_s hat die Aufgabe eines Schutzwiderstandes. Beim Durchbruch sinkt der dynamische Innenwiderstand dU/dI = R_{dyn} der Diode auf kleinere Werte ab. Ferner werden die »Rauschbereiche« durch R_s auf einen größeren Spannungsbereich auseinandergezogen, wodurch sie meßtechnisch leichter und genauer erfaßbar sind.

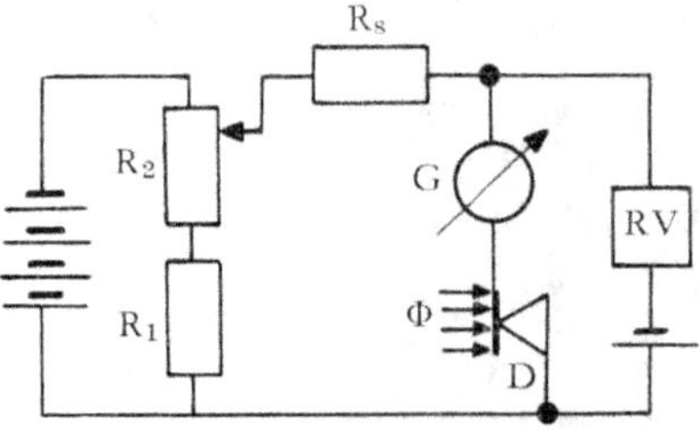

Abb. 16 Schaltung zur Messung der Bestrahlungsabhängigkeit der Stromspannungskennlinie

6.12 Kennlinienfelder im Durchbruchgebiet

Es lassen sich zwei Kennlinienfelder darstellen:

a) $I'_{sp} = f(\Phi)$ mit U_{sp} als Parameter
b) $I'_{sp} = f(U_{sp})$ mit Φ als Parameter $(I'_{sp} = I_{sp} + \Delta I)$
   (Abb. 17)

I'_{sp} = Sperrstrom bei Bestrahlung
I_{sp} = Sperrstrom im Dunkelzustand
ΔI = Stromerhöhung bei Bestrahlung
Φ = Bestrahlungsstärke

Mit Hilfe dieser beiden Kennlinienfelder kann man das Verhalten der Diode
als Strahlungsindikator darstellen.
In Abb. 17 ist in doppelt logarithmischem Maßstab der Sperrstrom I'_{sp} einer
Siliziumdiode in Abhängigkeit von der Bestrahlungsintensität Φ mit der konstanten Vorspannung in Sperrichtung als Parameter bei Zimmertemperatur
aufgetragen. Man sieht, daß die Diode über einen sehr weiten Bereich (etwa
fünf Zehnerpotenzen) gegenüber Strahlung empfindlich ist. Es existiert aber
sowohl ein unterer als auch ein oberer Grenzwert. In Abb. 17 drückt sich dies
darin aus, daß die Steigung der Kurven U_{sp} = const fast Null wird. Die Schnitt-
punkte der Kurven U_{sp} = const mit der Ordinatenachse ($\Phi = 10^{-2}$ Lx) stellen
praktisch bereits die Sperrdunkelströme bei der jeweiligen Spannung dar.

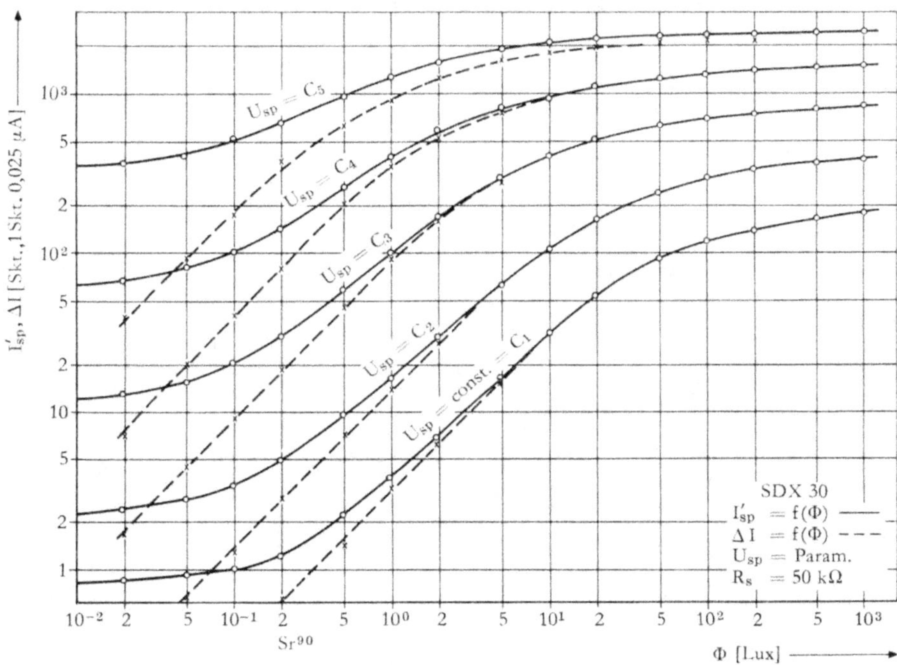

Abb. 17   Kennlinienfelder im 1. RB bei verschiedenen Lichtintensitäten

Die gestrichelt gezeichneten Kurven zeigen die Änderung des Sperrstromes ΔI bei Bestrahlung und geben damit den funktionellen Zusammenhang zwischen der elektrischen Meßgröße (ΔI) und der Strahlungsintensität (Φ) wieder. Sie wären die Eichkurven eines nach dem vorliegenden Prinzip arbeitenden Strahlenmeßgerätes.

Wie man aus Abb. 17 entnehmen kann, sind diese Kurven in doppelt logarithmischer Darstellung Geraden unter 45° Steigung (d. h. ΔI ist prop. Φ), solange der Gesamtstrom I'_{sp} nicht zu hohe Werte annimmt. Für großes I'_{sp}, was gleichbedeutend mit starker Bestrahlung ist, zeigt sich jedoch eine deutliche Sättigung.

6.13 $I'_{sp} = f(U_{sp})$ *mit Φ als Parameter*

In dem Kennlinienfeld nach Abb. 18 läßt sich der günstigste Arbeitspunkt A_{opt} der Diode als Strahlungsindikator ermitteln. Zur Erreichung größtmöglicher

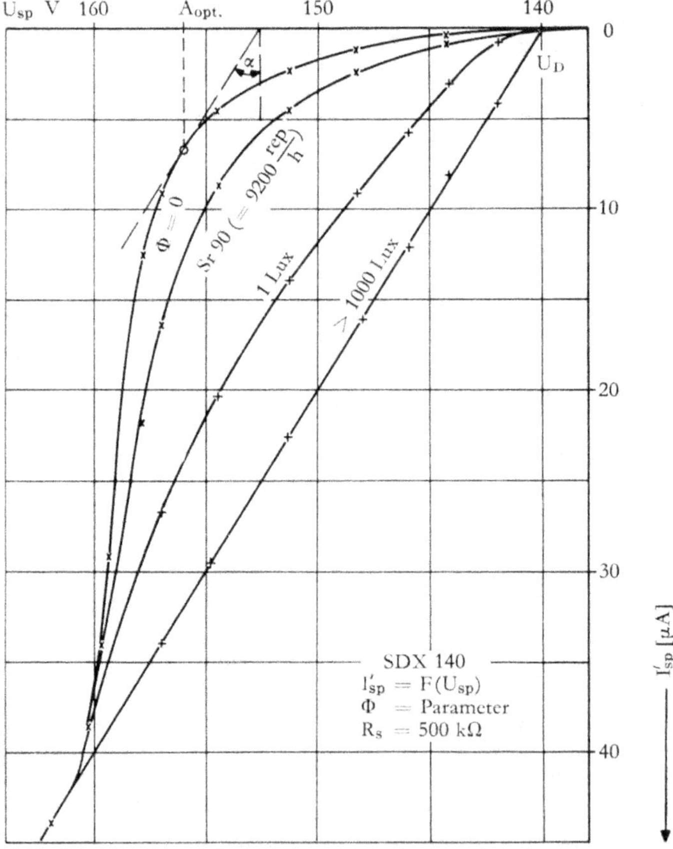

Abb. 18   Kennlinienfeld $I'_{sp} = f(U_{sp})$ mit der Bestrahlungsintensität als Parameter (1. RB)

Empfindlichkeit wird er so gewählt, daß maximales ΔI auftritt. Wie man Abb. 18 entnehmen kann, ist dies genau der Punkt, an dem die Steigung tg α der Kennlinie größer wird, als R_s entspricht. Für ein praktisch auszuführendes Strahlenmeßgerät nach dem vorliegenden Prinzip wäre es trotzdem zweckmäßig, den Arbeitspunkt gegebenenfalls etwas niedriger zu legen, weil dann die Anzeige in einem weiteren Bereich linear ist und damit der Meßbereich nach oben größer wird (s. Abb. 17).

6.14 Untere und obere Empfindlichkeitsgrenze

Die Abb. 17 zeigt, daß für $\Phi = 0,02$ Lux praktisch kein meßbarer Effekt mehr auftritt. Es ist *nicht* möglich, durch Verstärkung von ΔI mittels Gleichstromverstärkern bei Kompensation des Dunkelstromes eine wesentlich höhere Empfindlichkeit zu erzielen, da der Dunkelstrom nicht exakt konstant ist, sondern dauernd um einen Mittelwert schwankt. Es ergäbe sich deshalb bei größerer Verstärkung eine unzulässige Nullpunktschwankung.

Die untere Empfindlichkeitsgrenze ist von vornherein physikalisch auf Grund des Verhältnisses der durch Strahlung gebildeten Ladungsträger zu den thermisch gebildeten vorgegeben. Wird dieses Verhältnis zu klein, so kann kein meßbarer Effekt auftreten.

Die untere Nachweisgrenze für Beta-Strahlung ($Sr^{90}Y^{90}$) betrug bei den verwendeten Dioden etwa 350 r/h. Die obere Nachweisgrenze ist durch den beschriebenen Sättigungseffekt gegeben. Sie liegt nach Abb. 17 etwa bei 500 Lux. Extrapoliert man vom Meßpunkt von $3,5 \cdot 10^3$ rep/h für das Sr^{90}-Präparat auf diese Sättigung, so ergibt sich für radioaktive Bestrahlung eine obere Nachweisgrenze von etwa 10^7 r/h. (Unter der Voraussetzung, daß die Kennlinie für β-Bestrahlung etwa der für Licht entspricht.)

Der Meßbereich erstreckt sich demnach über etwa vier Zehnerpotenzen.

6.15 Temperaturabhängigkeiten

Bei den beschriebenen Vorgängen im Durchbruchgebiet von Si-Dioden sind zwei verschiedene Temperaturabhängigkeiten zu unterscheiden:

a) $U_D = f(T)$
b) $\Delta I = f(T)$

Diese Temperaturabhängigkeiten beeinträchtigen eine praktische Anwendung dieser Meßmethoden in einem Strahlenmeßgerät sehr. Die Temperaturabhängigkeit der Durchbruchspannung U_D ließe sich durch eine Veränderung der Vorspannung U_{sp} mittels R_1 (R_1 gemäß der jeweiligen Meßtemperatur) ausgleichen. Es bleibt dann jedoch immer noch die starke Temperaturabhängigkeit der eigentlichen Meßgröße ΔI bestehen. Diese ließe sich nur in Form einer Eichtabelle erfassen.

6.2 Auswertung der Zunahme der Durchbruchimpulszahl als Maß für die einfallende Strahlung

6.21 Ermittlung eines für die Strahlungsdetektion optimalen Arbeitspunktes

Es wurde bereits erwähnt, daß die Zündwahrscheinlichkeit beim Anbrennen eines Mikroplasmakanals von der Anzahl der freien Ladungsträger in diesem Gebiet abhängt. Diese setzen sich aus den Minoritätsträgern und den durch äußere Anregung (z. B. durch Licht oder radioaktive Strahlung) entstandenen freien Ladungsträgern zusammen. Demnach würde in jedem »Rauschbereich« der U-I-Kennlinie (vgl. Abb. 10) eine Strahlungsempfindlichkeit existieren, zumal an diesen Stellen Durchbruchimpulse auftreten, die in ihrer Häufigkeit durch ionisierende Strahlung zu beeinflussen sind. Für alle »Rauschbereiche«, außer dem ersten, muß aber beachtet werden, daß die bereits brennenden Plasmen auf Grund ihres geringen inneren Widerstandes eine stabilisierende Wirkung auf die Amplitude dieser Durchbruchimpulse besitzen. Demnach können in allen »Rauschbereichen«, außer dem ersten, Durchbruchimpulse mit einer maximalen Amplitude von 500 mV bis 1 V auftreten, wogegen die Durchbruchimpulse im 1. »RB« bis zu 5 oder 7 V anwachsen können [14]. Außerdem hat sich gezeigt, daß die Anzahl der Durchbruchimpulse ohne ionisierende Einstrahlung in diesen Sprungstellen relativ hoch, ihre Strahlungsempfindlichkeit daher gering ist (vgl. Abb. 13). Nach diesem Verhalten zu schließen, kommt also eine Strahlungsmessung nur innerhalb des ersten »Rauschbereichs« in Frage.

6.22 Verlauf der Durchbruchimpulsanzahl in Abhängigkeit von den auf die pn-Schicht fallenden Quanten bzw. der Dosisleistung

Nachdem die optimalen Bedingungen für das Arbeiten mit diesen Si-pn-Sperrschichten als technischer Strahlungsdetektor festgestellt worden sind, wurde die

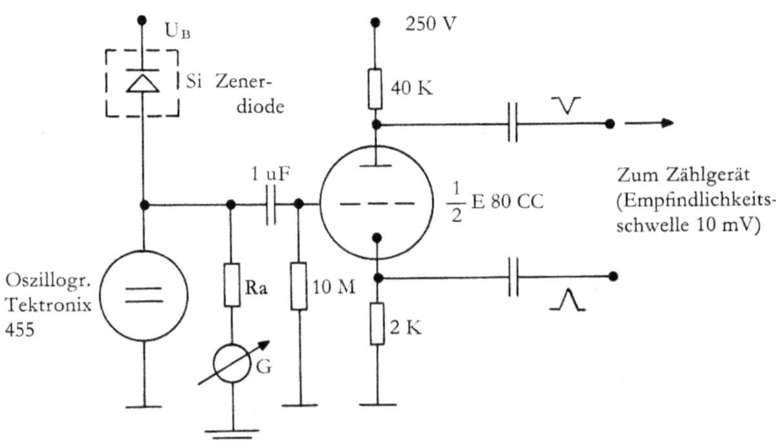

Abb. 19 Schaltung zur Aufnahme der Durchbruchimpulse

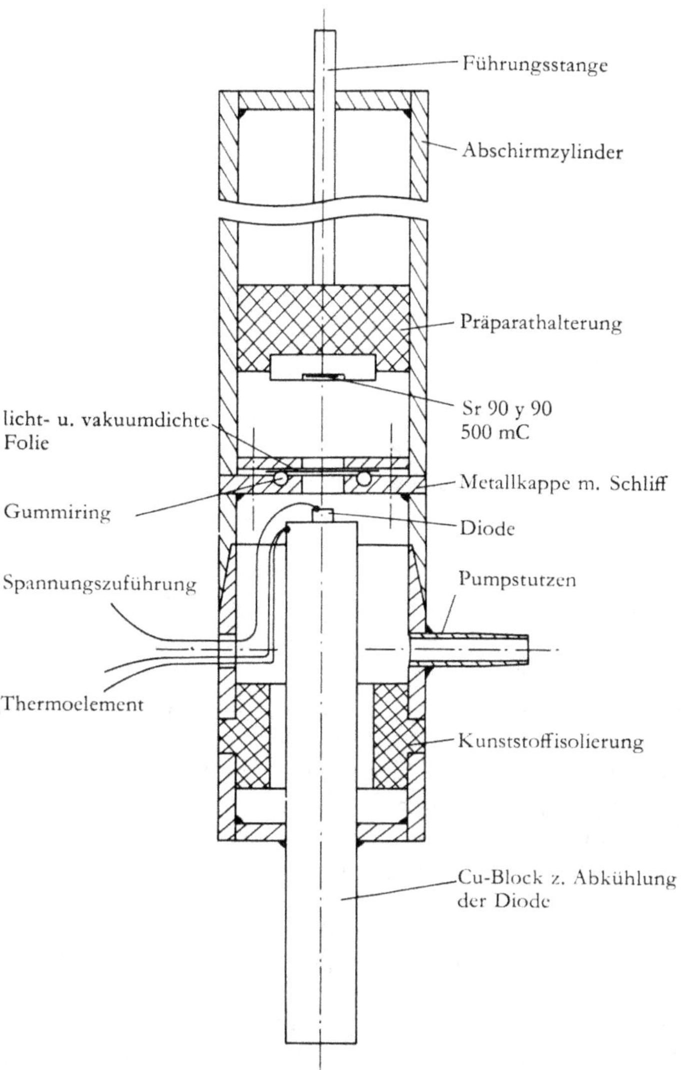

Abb. 20 Rezipient zur Vermessung der Si-pn-Sperrschichten bei Einstrahlung

Strahlungsempfindlichkeit einiger Si-pn-Sperrschichten aufgenommen. Die dabei verwendete Schaltung ist in Abb. 19 gezeichnet. Ein hochkonstantes Netzgerät lieferte eine feste Vorspannung für die Diode. Der Arbeitspunkt wurde in den Anfang des ersten »Rauschbereichs« gelegt (vgl. Abb. 13). Der Gleichstrommittelwert betrug in diesem Arbeitspunkt durchschnittlich $10^{-7} \div 10^{-8}$ A. Zur Zählung der Durchbruchimpulse mit und ohne Einstrahlung diente ein BECKMAN-Zählgerät, Modell 7560 (Auflösung 0,5 μsec). Um Niederschläge auf der pn-Schicht – vor allem der abgekühlten Schicht – während der Messung zu vermeiden, wurde die Diode in einem lichtdichten Rezipienten bei einem Druck von 10^{-3}

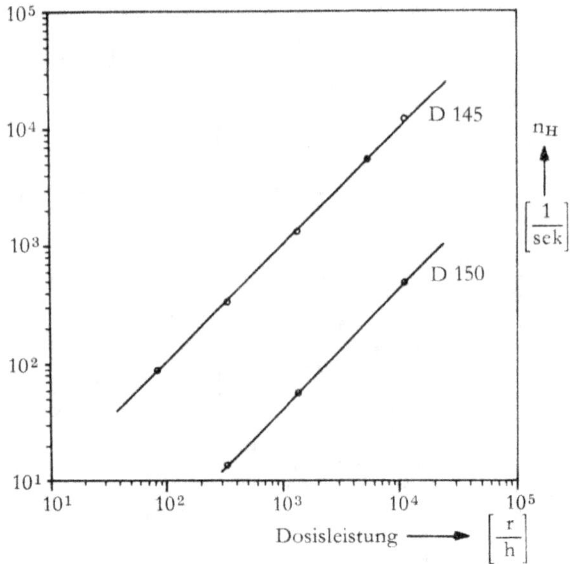

Abb. 21 Zunahme der Durchbruchimpulse (n_H) in Abhängigkeit von der eingestrahlten
Dosisleistung (Co^{60}) für zwei verschiedene Si-pn-Sperrschichten
(bei Zimmertemperatur)

Torr vermessen. Der Kristall wurde auf einen Kupferzylinder montiert, dessen anderes Ende in flüssige Luft getaucht werden konnte. Zwischen Kristall und Kühlmittel befand sich am Kupferblock eine Heizwicklung, so daß mittels einer Regelschaltung eine gewünschte Kristalltemperatur mit einer Konstanz von $\pm$ 0,5°C eingestellt werden konnte.

Die Kurven über die Abhängigkeit der Durchbruchimpulszahl (n_H) von der eingestrahlten Dosisleistung der radioaktiven Strahlung bei Zimmertemperatur zeigt Abb. 21 (s. auch Lit. [14, 15]). Die Amplituden der ausgekoppelten Durchbruchimpulse bei dem gewählten Arbeitspunkt betrugen durchschnittlich $0,5 \div 1$ (V), je nach verwendeter Diode. Die Anzahl der thermisch erzeugten Durchbruchimpulse ohne Einstrahlung (»Dunkelimpulse«) war bei den verwendeten Dioden ungefähr 30 (1/sec) und damit vernachlässigbar bei höheren Werten von n_H.

6.23 Bau eines Strahlenmeßgerätes mit einer AVALANCHE-*Diode*[5]
als Strahlendetektor[6]

Nach der Eichung einiger Si-pn-Sperrschichten bezüglich der Strahlungsempfindlichkeit des Durchbruchpunktes gegenüber γ- und β-Strahlung (wie im vorherigen Kapitel erläutert, vgl. Abb. 21), wurde ein tragbares Strahlenmeßgerät entworfen.

[5] Im Gegensatz zur Bezeichnung »Zenerdiode« sollen die hier verwendeten Dioden »AVALANCHE-Dioden« genannt werden.
[6] Lit. [16] auszugsweise zitiert.

6.24 Prinzipieller Aufbau des Meßgerätes

Zum punktförmigen Vermessen relativ starker Strahlungsfelder wurde ein einfaches, tragbares Strahlenmeßgerät entwickelt. Bei dem Entwurf des Meßgerätes mußten alle in II,5,6 aufgezeichneten Einflußgrößen berücksichtigt werden, dazu aber auch die praktischen Forderungen nach Betriebssicherheit, geringem Gewicht, Batteriebetrieb mit geringer Leistungsaufnahme und nicht zuletzt eine möglichst einfache und wenig aufwendige Schaltung. Insbesondere die Aufgaben geringes Gewicht und Batteriebetrieb ließen sich am zweckmäßigsten mit Transistoren lösen, wobei jedoch bezüglich der Betriebssicherheit gewisse Probleme auftreten.

Um einen Überblick über die Funktion des Gerätes zu bekommen, soll zunächst kurz das Blockschaltbild beschrieben werden (Abb. 22).

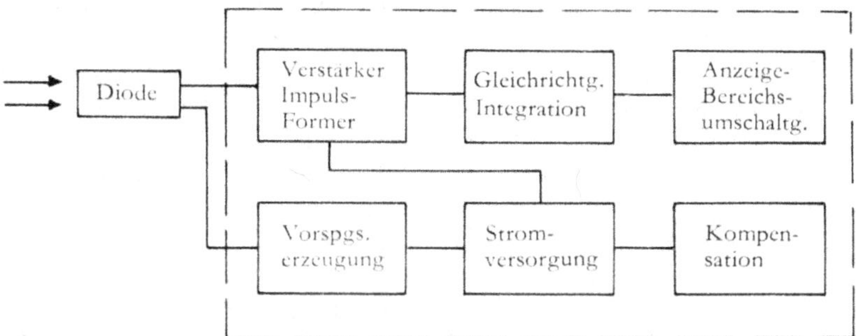

Abb. 22 Blockschaltbild des Strahlenmeßgerätes mit einer AVALANCHE-Diode als Strahlendetektor

Aus einer Stromquelle (6 V) wird ein Transistor-Spannungswandler gespeist, der die benötigte Vorspannung von 50 bis 60 V für die Diode erzeugt. Diese Spannung wird, stark stabilisiert, an die Diode gelegt und ergibt einen festen Arbeitspunkt im Durchbruchbereich. Die Diode liefert eine bestimmte Anzahl statistisch verteilter Durchbruchimpulse, ohne daß sie bestrahlt wird. Bei Bestrahlung steigt diese Anzahl. In einer zweistufigen Schaltung werden die Impulse verstärkt und so umgeformt, daß sie alle gleiche Amplitude und Pulsdauer haben. Dann werden die Impulse einem Integrierglied zugeführt. Der Strom dieser Integrierstufe wird von einem Instrument angezeigt und ist ein Maß für die Anzahl pro Zeiteinheit der von der Diode gelieferten Impulse. Eine besonders stabilisierte Spannung aus der Gerätegruppe Kompensation wird dem Anzeigeinstrument so überlagert, daß der Strom der Dunkelimpulse auf Null kompensiert wird.

6.25 Die Meßsonde

Als strahlungsempfindliches Element dient eine kommerzielle Silizium-»Zenerdiode« mit 60-(V)-»Zenerspannung«. Diese Diode enthält eine legierte pn-Sperrschicht mit einer wirksamen Fläche von ca. 1 mm².

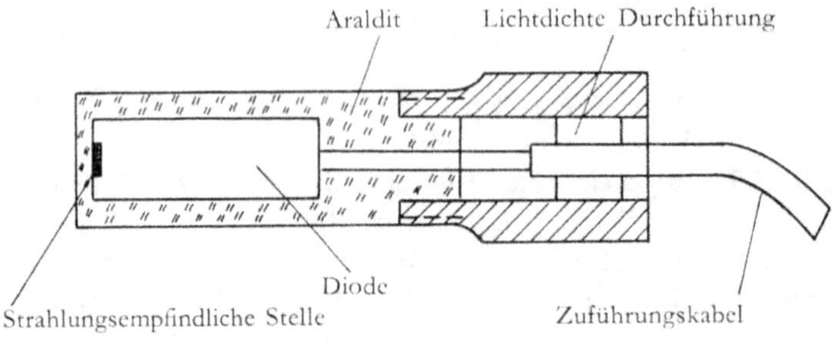

Abb. 23   Meßsonde mit Anschlußkabel

Die Glaskappe des Diodengehäuses wurde an der Kuppe abgeschliffen, so daß die Siliziumplatte frei lag. Anschließend wurde die Glashülle mit den Anschlußdrähten in Kunstharz eingegossen, wobei die Kunstharzschicht über der wirksamen Si-pn-Schicht dünngehalten wurde, um eine geringe Absorption im »toten« Material zu erreichen. Dieser Detektor wurde dann mit Bauteilen eines Koaxialsteckers, entsprechend Abb. 23, zu einer beweglichen Sonde geringer Größe zusammengebaut. Die geringen Abmessungen der Sonde macht sie besonders geeignet für die punktweise Vermessung von ausgedehnten Strahlungsfeldern. Eine auswechselbare Schutzkappe enthält entweder eine lichtundurchlässige Folie zur Abdeckung der strahlungsempfindlichen Fläche oder ein Graufilter mit bestimmtem Schwächungskoeffizienten. Dadurch ist es möglich, die Sonde mittels einer im Gerät eingebauten Lichtquelle zu eichen, ähnlich einer Eichung mit einem radioaktiven Präparat, jedoch ungefährlicher. Die Sonde wird über ein H-F-Koaxialkabel von ca. 2 m Länge mit dem Verstärker und Anzeigeteil verbunden (Abmessungen des Gerätes $17 \times 12 \times 8$ cm^3).

6.26 Eichkurven

Die in Abb. 21 gezeigten Kurven über die Zunahme der Durchbruchimpulse bei Teilchen- und Quanteneinstrahlung wurden als Eichkurven zugrunde gelegt. Über die Energieabhängigkeit der Meßsonde kann bisher nichts ausgesagt werden. Es ist jedoch zu erwarten, daß Silizium mit der Ordnungszahl 14 keine starken Abweichungen gegenüber Luft ergibt.
Bei den Messungen ist ferner die Temperatur der Si-pn-Schicht zu berücksichtigen. Obwohl eine Kompensation der Dunkelimpulse vorgesehen ist, empfiehlt es sich, bei Raumtemperatur zu messen, bei der auch die verwendeten Si-pn-Sperrschichten geeicht wurden. Die Abhängigkeit der absoluten Nachweisempfindlichkeit von der Temperatur wurde noch nicht untersucht.

Für anregende Diskussionen zum Thema dieser Arbeit danken wir den Herren
Dipl.-Ing. J. Schreiner und Dipl.-Ing. M. Hartl; ferner danken wir Fräulein Lommel für wertvolle redaktionelle Hilfe bei der Fertigstellung des Manuskriptes.
Die Herren Th. v. Metzsch und Dipl.-Ing. Remde von der Firma Calor-Emag
Elektrizitäts-AG, Ratingen, sowie das Innenministerium des Landes Nordrhein-Westfalen haben uns in vielen Fällen freundlich unterstützt.

Prof. Dr.-Ing. Max Knoll
Dipl.-Ing. Ingolf Ruge
Dipl.-Ing. Günter Stetter

Literaturverzeichnis

[1] BILLINGTON, D. S., and J. H. CRAWFORD JR., »Radiation Damage in Solids«. (1961) Princeton, University Press.

[2] PFANN, W. G., and W. VAN ROOSBROECK, J. Appl. Phys. 25, 1422 (1954).

[3] MADELUNG, O., in »Handbuch der Physik«, Bd. 20. Springer Verlag, 1957, p. 158.

[4] MCKAY, K. G., and K. B. MCAFEE, Phys. Rev. 91, 1079 (1953).

[5] WOLFF, P. A., Phys. Rev. 95, 1415 (1954).

[6] CHYNOWETH, A. G., and K. G. MCKAY, Phys. Rev. 102, 369 (1956).

[7] NEWMAN, R., W. C. DASH, HALL und BURCH, Phys. Rev. 98, 1536 A (1955).

[8] MOSS, T. S., Photoconductivity in the Elements. Butterworths Scientific Publications, London 1952.

[9] CHYNOWETH, A. G., and K. G. MCKAY, J. Appl. Phys. 30, 1811 (1959).

[10] ROSE, D. J., Phys. Rev. 105, 413 (1957).

[11] CHYNOWETH, A. G., and G. L. PEARSON, J. App. Phys. 29, 1103 (1958).

[12] KIKUCHI, M., J. Phys. Soc. Japan 15, 1822 (1960).

[13] MCINTYRE, R. J., J. Appl. Phys. 32, 983 (1961).

[14] RUGE, I., Z. Naturforsch. 16a, 1398 (1961).

[15] RUGE, I., and G. KEIL, Rev. Sci-Instr. 34, 390 (1963).

[16] SCHREINER, J., Diplomarbeit, Institut f. Techn. Elektronik, Techn. Hochschule München (1959).

[17] WIESNER, R., und F. NISSL, Silizium-Fotoelemente. Siemens Zeitschr. 32, 128 (1958).

[18] HUBNER K., und W. SHOCKLEY, Phys. Rev. Letters 4, 504 (1960).

FORSCHUNGSBERICHTE
DES LANDES NORDRHEIN-WESTFALEN

Herausgegeben im Auftrage des Ministerpräsidenten Dr. Franz Meyers
von Staatssekretär Prof. Dr. h. c. Dr.-Ing. E. h. Leo Brandt

ELEKTROTECHNIK · OPTIK

HEFT 1
Prof. Dr.-Ing. Eugen Flegler, Aachen
Untersuchungen oxydischer Ferromagnet-Werkstoffe
1952. 19 Seiten. Vergriffen

HEFT 12
Elektrowärme-Institut, Langenberg (Rhld.)
Induktive Erwärmung mit Netzfrequenz
1952. 14 Seiten, 6 Abb. DM 5,20

HEFT 23
Institut für Starkstromtechnik, Aachen
Rechnerische und experimentelle Untersuchungen
zur Kenntnis der Metadyne als Umformer von
konstanter Spannung auf konstanten Strom
1953. 42 Seiten, 21 Abb., 4 Tafeln. DM 9,75

HEFT 24
Institut für Starkstromtechnik, Aachen
Vergleich verschiedener Generator-Metadyne-
Schaltungen in bezug auf statisches Verhalten
1951. 36 Seiten, 23 Abb. DM 8,50

HEFT 44
*Arbeitsgemeinschaft für praktische Dehnungsmessung,
Düsseldorf*
Eigenschaften und Anwendungen von Dehnungs-
meßstreifen
1953. 68 Seiten, 43 Abb., 2 Tabellen. Vergriffen

HEFT 62
*Prof. Dr. Walter Franz, Institut für theoretische Physik
der Universität Münster*
Berechnung des elektrischen Durchschlags durch
feste und flüssige Isolatoren
1954. 26 Seiten. DM 7,—

HEFT 77
Meteor Apparatebau Paul Schmeck GmbH, Siegen
Entwicklung von Leuchtstoffröhren hoher Leistung
1954. 35 Seiten, 12 Abb., 2 Tabellen. DM 9,15

HEFT 100
Prof. Dr.-Ing. Herwart Opitz, Aachen
Untersuchungen von elektrischen Antrieben, Steue-
rungen und Regelungen an Werkzeugmaschinen
1955. 151 Seiten, 71 Abb., 3 Tabellen. DM 31,30

HEFT 156
Prof. Dr.-Ing. habil. B. v. Borries,
Dr. rer. nat. Dipl.-Chem. J. Johann, Ing. J. Huppertz,
Dipl.-Phys. Günther Langner,
Dr. rer. nat. Dipl.-Phys. F. Lenz und
Dipl.-Phys. W. Scheffels, Düsseldorf
Die Entwicklung regelbarer permanentmagneti-
scher Elektronenlinsen hoher Brechkraft und eines
mit ihnen ausgerüsteten Elektronenmikroskopes
neuer Bauart
1956. 88 Seiten, 52 Abb. DM 22,55

HEFT 179
Dipl.-Ing. H. F. Reineke, Bochum
Entwicklungsarbeiten auf dem Gebiete der Meß-
und Regeltechnik
1955. 34 Seiten, 10 Abb. DM 10,—

HEFT 181
Prof. Dr. Walter Franz, Münster
Theorie der elektrischen Leitvorgänge in Halbleitern und isolierenden Festkörpern bei hohen
elektrischen Feldern
1955. 16 Seiten, 2 Abb., 1 Tabelle. DM 6,20

HEFT 208
*Prof. Dr.-Ing. Harald Müller, Elektrowärme-Institut,
Essen*
Untersuchung von Elektrowärmegeräten für Laienbedienung hinsichtlich Sicherheit und Gebrauchsfähigkeit. I. Untersuchungen an Kochplatten
1956. 90 Seiten, 56 Abb., 7 Tabellen. DM 22,70

HEFT 213
*Dipl.-Ing. K. F. Rittinghaus, Institut für elektrische
Nachrichtentechnik der Rhein.-Westf. Technischen Hoch-
schule Aachen*
Zusammenstellung eines Meßwagens für Bau- und
Raumakustik
1957. 87 Seiten, 17 Abb., 7 Tabellen. DM 19,80

HEFT 216
Dr. phil. Erwin Kloth, Köln
Untersuchungen über die Ausbreitung kurzer
Schallimpulse bei der Materialprüfung mit Ultra-
schall
1956. 79 Seiten, 60 Abb., 4 Tabellen. DM 19,40

HEFT 265
Prof. Dr. phil. Fritz Micheel und Dr. rer. nat.
Rico Engel, Organisch-Chemisches Institut der Universität Münster
Eine Apparatur zur elektrophoretischen Trennung von Stoffgemischen
1956. 27 Seiten, 21 Abb. DM 9,20

HEFT 276
E. Haage, Mülheim/Ruhr
Entwicklungsarbeiten im Apparatebau für Laboratorien
1956. 36 Seiten, 18 Abb. DM 10,50

HEFT 309
Prof. Dr. phil. Kurt Cruse, Dipl.-Phys. Benno Ricke und Dipl.-Phys. Reinhard Huber, Physikalisch-chemisches Institut der Bergakademie Clausthal-Zellerfeld
Aufbau und Arbeitsweise eines universell verwendbaren Hochfrequenz-Titrationsgerätes
1956. 40 Seiten, 29 Abb. DM 11,90

HEFT 310
Dr. rer. nat. Paul Friedrich Müller, Bonn
Die Integrieranlage des Rheinisch-Westfälischen Instituts für Instrumentelle Mathematik in Bonn
1956. 54 Seiten, 6 Abb., 31 Schaltskizzen. DM 14,45

HEFT 331
Dipl.-Ing. Georg Bretschneider, Studiengesellschaft für Höchstspannungsanlagen e. V., Ruit
Die Messung der wiederkehrenden Spannung mit Hilfe des Netzmodelles
1956, 37 Seiten, 21 Abb., 2 Tabellen. DM 11,20

HEFT 341
Prof. Dr.-Ing. Helmut Winterhager und
Dipl.-Ing. Leo Werner, Aachen
Präzisions-Meßverfahren zur Bestimmung des elektrischen Leitvermögens geschmolzener Salze
1956. 36 Seiten, 19 Abb., 1 Tabelle. DM 10,60

HEFT 403
Prof. Dr.-Ing. Paul Denzel und
Dipl.-Ing. Wilhelm Cremer, Aachen
Verbesserung der Benutzungsdauer der Höchstlast in ländlichen Netzen durch vermehrte Anwendung elektrischer Geräte in der Landwirtschaft
1957. 33 Seiten, 23 Abb. DM 12,10

HEFT 438
Prof. Dr.-Ing. Helmut Winterhager und
Dr.-Ing. Leo Werner, Aachen
Bestimmung des elektrischen Leitvermögens geschmolzener Fluoride
1957. 39 Seiten, 18 Abb., 10 Tabellen. DM 11,90

HEFT 440
Dr.-Ing. Hellmuth Wolf, Institut für Hochfrequenztechnik der Rhein.-Westf. Technischen Hochschule Aachen
Gekoppelte Hochfrequenzleitungen als Richtkoppler
1958. 107 Seiten, 44 Abb. DM 31,60

HEFT 513
Prof. Dr. Wilhelm Ludolf Schmitz und Dr. rer. nat. Franz Schmitt, Institut für Röntgenforschung an der Universität Bonn
Die Verwendung des Magnetbandgerätes zur Speicherung des Kurvenverlaufs elektrischer Ströme *1958. 56 Seiten, 35 Abb. DM 17,65*

HEFT 520
Prof. Dr.-Ing. Herwart Opitz, Dipl.-Ing. Hans Obrig und Dipl.-Ing. Paul Kips, Laboratorium für Werkzeugmaschinen und Betriebslehre der Rhein.-Westf. Technischen Hochschule Aachen
Untersuchung neuartiger elektrischer Bearbeitungsverfahren
1958. 44 Seiten, 35 Abb., 2 Tabellen. DM 14,70

HEFT 522
Dr.-Ing. Joachim Lorentz, Bonn, und
Dr.-Ing. Karlheinz Brocks, Mülheim/Ruhr
Elektrische Meßverfahren in der Geodäsie
1958. 108 Seiten, 49 Abb., 5 Tabellen. DM 28,—

HEFT 523
Dr.-Ing. Klaus Eberts, Duisburg
Entwicklungen einiger Meßverfahren und einer Frequenz- und amplitudenstabilisierten Meßeinrichtung zur gleichzeitigen Bestimmung der komplexen Dielektrizitäts- und Permeabilitätskonstante von festen und flüssigen Materialien im rechteckigen Hohlleiter und im freien Raum bei Frequenzen von 9200 und 33000 MHz
1958. 122 Seiten, 37 Abb. DM 30,20

HEFT 535
Dr.-Ing. Josef Lennertz, Köln
Einfluß des Ausbaugrades und Benutzungsgrades nachrichtentechnischer Einrichtungen auf die Gesamtwirtschaft
Ausgeführt von 1954 bis 1956 unter Mitarbeit von *Oberpostrat Dipl.-Ing. Friedrich Einbeck*
1958. 265 Seiten, zahlreiche Tabellen. DM 42,—

HEFT 550
Dr. Hans Stephan, Bonn
Elektrisches Standhöhenmeßgerät für Flüssigkeiten
1958. 25 Seiten, 13 Abb., 2 Tabellen. DM 10,10

HEFT 554
Prof. Dr.-Ing. Harald Müller, Elektrowärme-Institut Essen
Untersuchung von Elektrowärmegeräten für Laienbedienung hinsichtlich Sicherheit und Gebrauchsfähigkeit. — Teil II: Temperaturen an und in schmiegsamen Elektrogeräten
1958. 56 Seiten, 18 Abb., 22 Tabellen. DM 16,70

HEFT 596
Dipl.-Ing. Karl-Ernst Hardieck, Regierungsrat beim Deutschen Patentamt in München
Theoretische und experimentelle Untersuchungen der stationären Vorgänge in magnetischen Verstärkern
Ausgeführt am Institut für Starkstromtechnik der Rhein.-Westf. Technischen Hochschule Aachen
1958. 74 Seiten, 58 Abb. DM 20,20

HEFT 605
Ing. Leonhard Bommes, Mönchengladbach
Bestimmung von Leistung und Wirkungsgrad
eines Ventilators
1958. 45 Seiten, 29 Abb., 3 Tabellen. DM 12,60

HEFT 615
Prof. Dr. Walter Weizel und Duk Hyun Whang, Institut für theoretische Physik der Universität Bonn
Stromverteilung auf der Kathode einer Glimmentladung in Spalten bei hohen Drucken und abseits
stehender Anode
1958. 28 Seiten, 16 Abb. DM 8,80

HEFT 616
Prof. Dr. Walter Weizel und Wolfgang Ohlendorf, Institut für theoretische Physik der Universität Bonn
Die Glimmentladung in spaltartigen Entladungs-
räumen *1958. 38 Seiten, 18 Abb. DM 10,70*

HEFT 622
Prof. Dr. Walter Franz, Institut für theoretische Physik der Universität Münster
Theorie der Elektronenbeweglichkeit in Halbleitern
1958. 39 Seiten, 9 Abb. DM 10,80

HEFT 642
Dr.-Ing. Hans-Joachim Eckhardt, Elektrowärme-Institut Essen
Leiter: Prof. Dr.-Ing. Harald Müller
Die dielektrische Trocknung bei erniedrigtem Luft-
druck mit Beiträgen zum physikalischen Verhalten
der Mischkörper
1958. 65 Seiten, 5 Abb., 19 Beilagen. DM 17,10

HEFT 663
Dr. Hans-Christian Freiesleben, Gesellschaft zur Förderung des Verkehrs e.V., Düsseldorf
Vergleich von Funkortungsverfahren an Bord von
Seeschiffen *1958. 19 Seiten. DM 6,20*

HEFT 724
Prof. Dr. Gottfried Eckart, Dr. Friedrich Gimmel, Thilo Conrady und Bernd Scherer, Institut für angewandte Physik und Elektrotechnik der Universität des Saarlandes, Saarbrücken
Sonderfragen bei Breitband-Schlitzantennen
1959. 32 Seiten, 3 Abb., 4 Kurvenblätter. DM 9,40

HEFT 756
Prof. Dr.-Ing. Robert Brüderlink und
Dipl.-Ing. Hansjörg Jansen, Institut für Starkstromtechnik der Rhein.-Westf. Technischen Hochschule Aachen
Drehstrom-Gleichstrom-Steuersatz mit Trocken-
gleichrichter in Einwellen- und Zweiwellenanord-
nung *1960. 119 Seiten. DM 35,80*

HEFT 784
Dipl.-Ing. Wilfried Sackmann, Gaswärme-Institut e.V., Essen
Wissenschaftliche Leitung: Prof. Dr.-Ing. Fritz Schuster
Untersuchung elektrischer Aufladungserscheinun-
gen an Gasströmungen
1959. 27 Seiten, 15 Abb. DM 9,—

HEFT 786
Prof. Dr.-Ing. Paul Denzel und
Dr.-Ing. Bernhard v. Gersdorff, Institut für elektrische Anlagen und Energiewirtschaft der Rhein.-Westf. Technischen Hochschule Aachen
Untersuchungen über die Möglichkeit der selektiven Erdschlußerfassung durch Messung des im
Erdseil von Freileitungen fließenden Nullstroms
1959. 72 Seiten, 40 Abb. DM 19,90

HEFT 824
Dr.-Ing. Klaus Lauterjung, Institut für Hochfrequenztechnik der Rhein.-Westf. Technischen Hochschule Aachen
Untersuchung symmetrischer Hochfrequenzlei-
tungen
1960. 74 Seiten, 10 Abb., 1 Tafel. DM 21,50

HEFT 825
Ltd. Reg.-Direktor Dr. Heinz Gabler und
Reg.-Rat Dr. Gerhard Gresky, Deutsches Hydrographisches Institut, Hamburg
Untersuchung örtlicher Rückstrahler auf Schiffen,
vorzugsweise im Grenzwellenbereich, mit dem
Sichtfunkpeiler
1960. 60 Seiten, 50 Abb., 3 Tabellen. DM 18,70

HEFT 836
Dipl.-Met. Heinrich Borchardt, Essen
Physikalisch-technische Grundlagen der meteorologischen Anwendung von Radar nach Erfahrungen mit der Wetterradaranlage des Instituts für
Mikrowellen in der Deutschen Versuchsanstalt für
Luftfahrt e.V., Mülheim (Ruhr)
1960. 139 Seiten, 59 Abb., 4 Tabellen, 4 Tafeln, 5 Bildserien. DM 39,90

HEFT 912
Prof. Dr. rer. techn. Fritz Reutter, Mathematisches Institut der Rhein.-Westf. Technischen Hochschule Aachen
Die nomographische Darstellung von Funktionen
einer komplexen Veränderlichen und damit in
Zusammenhang stehende Fragen der praktischen
Mathematik *1960. 119 Seiten, 4 Abb., 3 Tabellen, Anhang mit vielen Abb. DM 35,40*

HEFT 1001
Dipl.-Phys. Dr. rer. nat. Günter Langner, Institut für Elektronenmikroskopie an der Medizinischen Akademie, Düsseldorf
Direktor: Prof. Dr. med. H. Ruska
Die Informationsübertragung bei der Mikroskopie
mit Röntgenstrahlen
1961, 125 Seiten, 7 Abb. DM 37,—

HEFT 1033
Dr.-Ing. Gustav-Adolf Kayser, Institut für Elektrische Nachrichtentechnik der Rhein.-Westf. Technischen Hochschule Aachen
Beiträge zur Theorie und Praxis selbsttätiger elektrischer Brandmelde-Geber. Teil I
Systematik der Brandmelde-Geber, Prüfung und
Analogiebetrachtung der Temperaturgeber
1961. 86 Seiten, 42 Abb., 14 Tafeln. DM 29,10

HEFT 1095
Dr.-Ing. Max Brüderlink, Institut für Starkstrom-
technik der Rhein.-Westf. Technischen Hochschule Aachen
Experimentelle und theoretische Untersuchung der
statischen Frequenztransformationen von 50 auf
150 Hz
1962. 77 Seiten, 57 Abb. DM 62,—

HEFT 1172
Prof. Dr.-Ing. Volker Aschoff und Dipl.-Ing. Fritz
Droop, Institut für elektrische Nachrichtentechnik der
Rhein.-Westf. Technischen Hochschule Aachen
Über den Einfluß der elastischen Eigenschaften von
Tonbändern auf die Tonhöhenschwankungen von
Magnettongeräten
1963. 63 Seiten, 33 Abb. DM 29,80

HEFT 1175
Dipl.-Math. Klaus-Dieter Becker und Dr. rer. nat.
Erhard Meister, Universität Saarbrücken
Beitrag zur Theorie des Strahlungsfeldes dielek-
trischer Antennen
1963. 43 Seiten, 4 Abb. DM 29,80

HEFT 1176
Dipl.-Phys. Alexander Wasiljeff,
Universität Saarbrücken
Breitbandimpedanzstudien an Ringschlitzantennen
im cm-Wellenbereich
1963. 69 Seiten, 57 Abb. DM 45,80

HEFT 1262
Prof. Dr. Hubert Cremer, Dr. Friedrich-Heinz Effert
und Dr. Karl-Hermann Breuer, Mathematisches Institut
der Rhein.-Westf. Technischen Hochschule Aachen
Untersuchungen zur Synthese zweipoliger elektrischer Netzwerke
In Vorbereitung

HEFT 1263
Prof. Dr. Hubert Cremer, Dr. Friedrich-Heinz Effer,
und Wilhelm Meuffels, Mathematisches Institut der
Rhein.-Westf. Technischen Hochschule Aachen
Über Realisierbarkeitskriterien für die Synthese
zweipoliger elektrischer Netzwerke mit vorge-
schriebener Frequenzabhängigkeit

HEFT 1264
Prof. Dr. Hubert Cremer und Dr. Franz Kolberg,
Mathematisches Institut der Rhein.-Westf. Technischen
Hochschule Aachen
Der Strömungseinfluß auf den Wellenwiderstand
von Schiffen
In Vorbereitung

HEFT 1276
Dr. Wegesin, Ratingen
Untersuchungen schneller Lichtbogenverlängerun-
gen für die Verwendung in Hochspannungs-
schaltgeräten

HEFT 1291
Gerhard Schröder, Rhein.-Westf. Institut für Instru-
mentelle Mathematik Bonn
Über die Konvergenz einiger Jacobi-Verfahren zur
Bestimmung der Eigenwerte symmetrischer Ma-
trizen
In Vorbereitung

HEFT 1295
Prof. Dr.-Ing. Max Knoll, Ingolf Ruge und Günter
Stetter, Elektrizitäts-AG., Ratingen
Teilchenzählung und Dosimetrie mit Silizium-PN-
Sperrschichten

HEFT 1297
Dr.-Ing. Wolfgang Stammen, Elektrowärme-Institut
Essen
Bestimmung des Reflexionskoeffizienten von festen
Körpern bei Temperaturstrahlung und Entwick-
lung eines vollständig diffus reflektierenden Ver-
gleichsnormals
In Vorbereitung

HEFT 1306
Prof. Dr. E. Peschl und Dr. Karl Wilhelm Bauer,
Rhein.-Westf. Institut für Instrumentelle Mathematik
Bonn
Über eine nichtlineare Differentialgleichung 2. Ord-
nung, die bei einem gewissen Abschätzungsver-
fahren eine besondere Rolle spielt
In Vorbereitung

HEFT 1307
Dipl.-Math. Jürgen R. Mankopf, Rhein.-Westf. Institut
für Instrumentelle Mathematik Bonn
Über die periodischen Lösungen der VAN DER
POLschen Differentialgleichung $\ddot{x} + \mu\,(x^2 - 1)$
$\dot{x} + x = 0$
In Vorbereitung

HEFT 1308
Heinz Ober-Kassebaum, Rhein.-Westf. Institut für
Instrumentelle Mathematik Bonn
Über die P-Separation der Schrödinger-Gleichung
und der Laplace-Gleichung in Riemannschen
Räumen
In Vorbereitung

HEFT 1316
Dr. Franz Kolberg, Institut für Mathematik und
Großrechenanlagen der Rhein.-Westf. Technischen Hoch-
schule Aachen
Direktor: Prof. Dr. Hubert Cremer
Theoretische Untersuchung des Begegnungs- oder
Überholungsvorganges von Schiffen
In Vorbereitung

HEFT 1317
Prof. Dr. Hubert Cremer und Dr. Franz Kolberg,
Institut für Mathematik und Großrechenanlagen der
Rhein.-Westf. Technischen Hochschule Aachen
Zur Stabilitätsprüfung von Regelungssystemen
mittels Zweiortskurvenverfahren
In Vorbereitung

HEFT 1329
Dr.-Ing. Jochen Jees, Lehrstuhl für Nachrichtenverar-
beitung an der Technischen Hochschule Karlsruhe
Katalog normierter Tiefpaßübertragungsfunktio-
nen mit Tschebyscheffverhalten der Impulsantwort
und der Dämpfung
In Vorbereitung

HEFT 1334
Prof. Dr.-Ing. W. Wiechnowski, Dipl.-Ing. R. Schnep-
pendahl und Dipl.-Ing. N. Vormann, im Auftrage von
Prof. Dr.-Ing. E. Flegler, Rogowski-Institut für Elek-
trotechnik der Rhein.-Westf. Technischen Hochschule
Aachen
Untersuchungen an Modellen von Innenbeleuch-
tungsanlagen
In Vorbereitung

Verzeichnisse der Forschungsberichte aus folgenden Gebieten können beim Verlag angefordert werden:
Acetylen/Schweißtechnik – Arbeitswissenschaft – Bau/Steine/Erden – Bergbau – Biologie – Chemie – Eisen-
verarbeitende Industrie – Elektrotechnik/Optik – Energiewirtschaft – Fahrzeugbau/Gasmotoren – Farbe/
Papier/Photographie – Fertigung – Funktechnik/Astronomie – Gaswirtschaft – Holzbearbeitung – Hütten-
wesen/Werkstoffkunde – Kunststoffe – Luftfahrt/Flugwissenschaften – Luftreinhaltung – Maschinenbau –
Mathematik – Medizin/Pharmakologie/NE-Metalle – Physik – Rationalisierung – Schall/Ultraschall – Schiff-
fahrt – Textiltechnik/Faserforschung/Wäschereiforschung – Turbinen – Verkehr – Wirtschaftswissenschaft.

WESTDEUTSCHER VERLAG · KÖLN UND OPLADEN
567 Opladen/Rhld., Ophovener Straße 1–3

GPSR Compliance
The European Union's (EU) General Product Safety Regulation (GPSR) is a set
of rules that requires consumer products to be safe and our obligations to
ensure this.

If you have any concerns about our products, you can contact us on

ProductSafety@springernature.com

In case Publisher is established outside the EU, the EU authorized
representative is:

Springer Nature Customer Service Center GmbH
Europaplatz 3
69115 Heidelberg, Germany